# 猫科专家教你养猫

## 新猫养护指南

U0258602

【日】山本宗伸 主编
【日】富田园子 编著
李阳 译　王烁 审

人民邮电出版社

北 京

图书在版编目（ＣＩＰ）数据

猫科专家教你养猫 ：新猫养护指南 ／（日）山本宗伸主编 ；（日）富田园子编著 ；李阳译. -- 北京 ：人民邮电出版社，2020.6（2022.9重印）
ISBN 978-7-115-53331-9

Ⅰ. ①猫… Ⅱ. ①山… ②富… ③李… Ⅲ. ①猫－驯养 Ⅳ. ①S829.3

中国版本图书馆CIP数据核字(2020)第017078号

## 版 权 声 明

- ◆ 主　　编　[日]山本宗伸

  编　　著　[日]富田园子

  译　　　　李　阳

  审　　　　王　烁

  责任编辑　王雅倩　陈　晨

  责任印制　陈　犇

- ◆ 人民邮电出版社出版发行　　北京市丰台区成寿寺路 11 号

  邮编　100164　电子邮件　315@ptpress.com.cn
  网址　https://www.ptpress.com.cn

  北京虎彩文化传播有限公司印刷

- ◆ 开本：880×1230　1/32

  印张：4.5　　　　　　　　2020 年 6 月第 1 版
  字数：230 千字　　　　　　2022 年 9 月北京第 2 次印刷

  著作权合同登记号　图字：01-2019-3973 号

  定价：49.80 元

读者服务热线：(010)81055296　印装质量热线：(010)81055316
反盗版热线：(010)81055315
广告经营许可证：京东市监广登字 20170147 号

# 前言

我第一次养猫是在小学的时候。

在那之前从来没有养过小动物。

我给出生没几天、双目紧闭的小奶猫起名叫"Lucky"。


当时年幼的我一定想不到，

与"Lucky"的相遇，让我在许多年后成为了一名兽医，

甚至还开办了一家自己的猫科医院。


当时，我和家人都没有养猫的经验，照顾"Lucky"的时候总是手忙脚乱。

所幸"Lucky"顺顺利利地长大了。

现在回想起来，我们当时的做法也有不妥的地方。

在那之后我又养了几只猫，有的伙食太好吃胖了，

有的整天就会往外面跑。

其实，当时的我并没有掌握正确的养猫方法。


猫是很好养的动物。

但是养猫的时候，我们总会碰到各种各样的难题。

比如，猫总是喜欢在家具上磨爪子怎么办？

想要与猫相处愉快，就必须要先了解猫。

这本书总结了许多与猫一起快乐和谐生活的方法。


猫，一种神秘、让人捉摸不透的动物。

猫，与其他动物完全不同。

有猫陪伴的日子，每天都洋溢着幸福。

无论是准备养猫的你，还是已经在养猫的你，

我都衷心地希望这本书能够给你带来启发。


猫科医院"Tokyo Cat Specialists（东京猫专科医院）"院长

山本宗伸

# 目录

# 第三章 这种时候该怎么办？养猫常见的问题

## 第一章

# 带猫回家前

## Before You Have a Cat

# 猫是一种什么样的动物

开始养猫前，我们需要充分了解猫这种生物。
来让我们看看它们都有哪些习性与性格特点吧！

## 猫不是小型犬

宠物猫和狗狗一样很受人们的喜爱。但猫的习性和性格特点却与狗完全不同。我们无法像训练狗那样训练猫，因此不想被猫搞得团团转的朋友必须提前想好对策。它们有时可能会跳到高处，所以家中摆设也得相应作出一些调整。那么，猫到底是一种什么样的动物呢？我们有必要在养猫前先详细地了解一下它们。如果只是因为觉得猫很可爱就开始饲养，结果可能对主人和猫都不好。

## 🐾 单独行动的动物

狗狗原本的习性是群居，但猫基本上都是独自生活的。野猫除了在幼年期和发情期之外都是单独行动的。因此，猫不会像群居动物那样在意他人的感受。人们常说"猫很任性"也是因为这个原因。它们可能上一秒还在跟你撒娇，下一秒就对你爱答不理了。所以，养猫的朋友必须去适应猫这种自由散漫的态度。它们没有服从主人命令的意识，所以也没有必要因为猫不听话而生气抱怨。

### 🐾 圈定地盘的动物

对猫来说最重要的就是拥有自己的地盘。野猫想要捕获猎物，专属地盘不可或缺。虽然宠物猫没有必要去捕捉猎物，但依然保留着守护自己领地的天性。一旦有陌生人或者其他猫进入自己的地盘，它们就会警戒起来。对于搬家这种变更地盘的行为，猫更是难以接受。

★ P.88 家里来客人的时候
★ P.98 想多养几只猫的时候
★ P.102 搬家的时候

### 🐾 捕捉猎物的动物

野猫靠捕食老鼠、鸟等小型动物为生。虽然宠物猫有充足的食物来源，但体内仍旧保留着狩猎的冲动。因此，我们需要用狗尾草等玩具唤醒它们捕猎的天性。由于猫的耐力很差，通过玩具让猫跳来跳去，做一些激烈的小游戏便可短时间内满足它们的捕猎需求。如果没能满足猫的狩猎欲望，它们可能会突然蹿到主人的脚下。

★ P.68 让猫运动起来

猫拥有敏锐的听觉和动态视力。除了五感敏锐外，猫还拥有出众的体能。跳跃能力便是其一，其跳跃高度可达自身高度的5倍之多。它们能跳上橱柜及冰箱，因此对那些不想让猫跳上的地方，我们必须采取措施。猫没有耐力，但能在短时间内急速奔跑。据悉，猫的奔跑时速可达50公里，兴奋状态下甚至能借助墙壁来个三角跳。虽然人类智商高，猫的智商只相当于1~2岁的人类，但还请大家将它们当成拥有超高体能的两岁儿童来对待吧！

**耳朵**
Ear

比狗狗的耳朵还要灵敏，可以接收到人类无法听到的高频超音波。最高可接收达6万赫兹的声音。

**胡须**
Whisker

长长的胡须起到侦察的作用，一旦接触到物体便能敏锐地感知到。实际上，它们全身都有像胡须一样的触毛。

**嘴巴**
Mouth

梳理毛发的时候，带有倒刺的舌头可以起到梳子的作用。猫与人的味觉感知方式不同，所需的营养素也不同。

# 猫的身体构造

## 鼻子
### Nose

虽然没有狗的鼻子灵敏，却优于人类的嗅觉。鼻头湿润是为了能捕捉到了空气中的气味因子。

## 眼睛
### Eye

具有夜视能力，且动态视力出色。瞳孔在明亮的地方会变细，而在昏暗的地方会变圆，由此调整入眼的光线量。

## 毛皮
### Coat

拥有不同的毛色及花纹。猫通过舔舐毛皮来保持清洁，主人也需要帮助它们梳理。

## 肉垫
### Pad

柔软的肉垫让它们可以悄无声息地行走。猫的前脚有 7 个肉垫，后脚有 5 个肉垫。

# 猫咪喜欢的人

明明很喜欢猫却不招猫待见，这可能是因为我们在不经意间做了让猫反感的事情。来了解一些能让猫咪喜欢的技巧吧！

## 从容安静的人

好不容易养了猫，当然想让它喜欢自己。猫也是一样，和自己喜欢的人一起生活会感觉很幸福。

想让猫咪喜欢自己，首先要了解一些会引起它们反感的事情。例如，发出大的声响、又急又快地运动、目不转睛地凝视、不停地抚摸等，这些都是猫咪不喜欢的行为。一边大声直呼可爱，一边追着抚摸的行为，是猫最讨厌不过的了。尽管这都是爱猫人士最喜欢做的事，但要想让猫对你抱有好感，就必须保持安静。让我们站在猫咪的立场来想想吧。面对体积比自己大10倍以上的大家伙，是一边大叫一边跑的，还是从容安静的大家伙更令人安心？结果显而易见。比起好动的小孩，猫咪们更喜欢动作缓慢的老婆婆。

也许有人会觉得，"每天都这样慢悠悠，谁受得了啊？"这种情况下，我们可以在给猫喂食的时候接触它。此外，在猫咪完全接受你之前，应该尽量少抚摸和拥抱它。抚摸处于警戒状态的猫，只会延长磨合的时间。为了取得猫咪的信任，一时的隐忍是必要的。一旦猫咪在你身边梳理毛皮或者睡觉，这说明它已经允许你接近了。这时，我们可以将食指伸向猫咪的脸，用猫咪喜欢的方式和它打招呼，共同进入新的生活。

伸出手指靠近猫的鼻子，这是一种特有的和猫打招呼的方式。通过打招呼，可以让猫确认你的气味。在接触猫咪前，和它打招呼是必要的步骤。

一旦猫咪从内心接受了你，目不转睛地盯着它看也就没什么事了。有的猫还会迎合人的视线。人类也是如此，把来自陌生人的注视当作是"监视"，而把来自亲近之人的注视当作是"疼惜"。

# 猫的年龄算法

How to grow old of cats

如今，有不少猫可以存活至 15 年以上。既然决定养猫，
我们就必须对它们负责，直至它们生命的最后一秒。

### 能否饲养猫咪终其天年

据相关统计（日本宠物食品协会，2006 年），人类饲养的猫的平均寿命是 15.04 岁。在室内饲养的猫的寿命更长，可达 15.81 岁。如今这两类猫的平均寿命均比 5 年前有所增长。因此，我们须结合个人健康和经济方面来判断：自己是否能在今后 15 年内正常饲养猫。没有自信的人需要寻找自己万一遭遇不幸时，能够帮忙饲养的亲人和朋友。实在没有办法的情况下，也不得抛弃或随意处置猫咪。因为，养到一半就被抛弃的猫咪，大多会经历悲惨的命运。

### 猫比人更容易上年纪

猫只需 1 年便能长大成年。猫的年龄算法如下表所示，可对应人类各年龄阶段。虽然这只是一个标准，但我们可以看到：猫在 1 岁前是幼猫时期，1~6 岁是成年猫时期，7 岁以后是老年猫时期。尽管它过了 7 岁并不会迅速老去，但也相当于人类的 40 多岁了。我们到了这个年纪必须得注意日常饮食。猫也一样，虽然它看起来还比较年轻，但只有注意饮食，今后才能健康长寿。对我们来说，无论何时猫都是可爱的小孩，让我们结合下表，根据它们不同的年龄阶段来适当地照顾它们吧！

早熟的雌性猫在出生 5 个月左右迎来发情期，雄性猫则是 9 个月。在猫第一次发情之前进行绝育手术，可以降低它患性疾病的概率，从而延长寿命。此外，可以减少猫由于发情而出现的各种问题行为。不想要让猫繁殖后代的朋友，可以考虑在它出生后 4~6 个月以后为其进行绝育手术。

P.130 关于绝育

## 🐾 猫与人的年龄比较

| | 成年猫时期 | | | | | |
|---|---|---|---|---|---|---|
| 猫 | 1 岁 | 2 岁 | 3 岁 | 4 岁 | 5 岁 | 6 岁 |
| 人 | 15 岁 | 24 岁 | 28 岁 | 32 岁 | 36 岁 | 40 岁 |

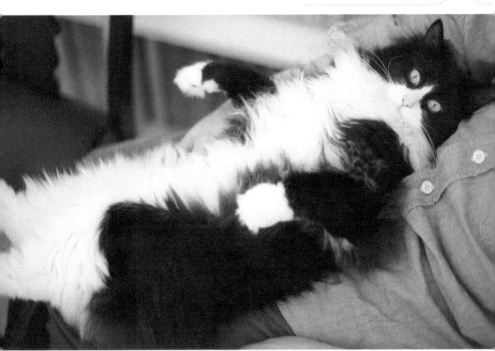

## 猫的长寿纪录

目前，世界上最长寿的猫是来自美国德克萨斯州的奶油泡芙（Creme Puff），年龄竟高达 38 岁零 3 天！说起来，38 岁就相当于下表中人类的 168 岁，真是惊人的长寿纪录！当然，世界上还有一些其他超过 30 岁的猫。日本的淘气包（yomoko）也创造了 36 岁的记录，它曾经上过新闻、杂志，还有电视节目。愿您的爱猫也可以长寿！

艺 年 猫 时 期

| 7 岁 | 8 岁 | 9 岁 | 10 岁 | 11 岁 | 12 岁 | 13 岁 | 14 岁 | 15 岁 |
|------|------|------|-------|-------|-------|-------|-------|-------|
| 44 岁 | 48 岁 | 52 岁 | 56 岁 | 60 岁 | 64 岁 | 68 岁 | 72 岁 | 76 岁 |

# 想养什么样的猫

What kind of cat do you want to keep

虽然都是猫，但有雄猫、雌猫，混血、纯种等区别，
到底什么样的猫好，你有所了解吗？

## 性格、需要养护的频率各不相同

让我们仔细考虑一下想养什么样的猫吧！除了个人喜欢的猫品种、毛色，猫的性格也很重要。尽管猫的个性很强，但由于性别和品种不同，它们的性格倾向还是会有所差异。一般来说，雄猫在绝育手术后会一直像小孩子般顽皮下去，雌猫则会变得成熟稳重。

纯种猫，例如美国短毛猫活泼又有朝气，苏格兰折耳猫则十分沉稳。它们都有各自的性格倾向。

猫的养护方面，长毛要比短毛更费事。如果不仔细梳理，猫的毛发会打结成团。为了去掉污渍，有时也需要人工清洗。因此，对于初次养猫的人来说，短毛猫可能更合适一些。

拿不定主意的朋友，可以去猫咖与各类品种的猫接触，说不定就能遇到自己喜爱的猫呢。在招募猫主人的猫咖里，也能领养到自己心仪的猫。

### 猫的社会化？

我们将"能够跟其他猫咪及人类友好相处"称为"猫的社会化"。如果一只猫对谁都采取威胁态度，那说明它还没有被社会化。猫出生后的2~7周是"社会化时期"。这一期间，通过与其他猫咪及人类接触，可以培养出它与他人友好相处的能力。而此时不和人类接触的猫，难以习惯人类；不和其他猫接触的猫，难以与其他猫一起生活。社会化期间，幼猫最好和父母兄弟还有人类一起生活。

**成年猫**
Adult

对成年猫来说，熟悉新家多少需要花费些时间，但因为它们已经习惯了人类，至少也能静下心来。老年人反而容易选择成年猫，这样可以减轻终生饲养的负担。

**幼年猫**
Kitten

虽然幼年猫天真无邪，容易适应新的环境，但它们的身体易出问题，而且活泼吵闹。因此，从熟人家或者猫舍领养幼猫时，最好等到猫咪经过了社会化时期，这样它的情绪会相对稳定些，行为问题也会减少。

**雄性猫**
Male

雄性猫在绝育手术过后，会一直像小猫一样顽皮。它们的领地意识很强，容易通过撒尿（喷射尿）来进行标记地盘。体格比雌性大而结实。

**雌性猫**
Female

成年后变得成熟稳重。不用担心它们有撒尿标记的行为，总的来说要比雄性更容易饲养。体型小而柔韧。

**混血猫**
Mix

人类饲养数量最多的，是来自于流浪猫的混血猫。我们无法预测它们后代的花纹和性格倾向。此类猫的花纹大多充满个性。如果饲养的猫咪原本是流浪猫，领养前必须进行驱虫和传染病检查。

**纯种猫**
Purebred

出于品种原因，它们的花纹、毛色、性格倾向在一定程度上是相对稳定的。部分品种更容易有先天性的疾病必须事先进行检查。

25

# 纯种猫咪的迷你手册

这里我们介绍一部分纯种猫咪。

## 美国短毛猫
### American Shorthair

美国开拓时期，和人们朝夕相处，十分活跃的捕鼠专用猫。它们的体格极其健壮，充满活力，无所畏惧且十分顽强。照片内的"银色虎斑纹"十分有名，实际上它还有各种颜色和花纹。

## 苏格兰折耳猫
### Scottish Fold

该品种由于耳朵下垂看起来脸圆圆的而得名。源自于在苏格兰岛发现的垂耳猫。实际上它们的折耳率大约是 30%，普通的猫则被称为"立耳"。

## 挪威森林猫
### Norwegian Forest Cat

生活在极其寒冷的挪威森林里，毛发长而茂密。体型较大，成长至完全成熟需要 5 年。性格温顺柔和，喜好安静。

## 阿比西尼亚猫
### Abyssinian

毛发有光泽，体态紧实，十分吸引人。由于古埃及雕像或壁画中出现了类似阿比西尼亚猫的形象，因此它被称为拥有古老血统的品种。性格活泼，好奇心强。

## 孟加拉猫
### Bengal

孟加拉山猫和家养猫的混血猫。和山猫一样的野生斑纹极具魅力。起初是充满野性的猫，现在渐渐变得温和。

## 异国短毛猫
### Exotic Shorthair

继承了波斯猫特有的扁平鼻子，还有矮胖的体型。比起"可爱"，更适合那些喜欢"天然萌"的朋友。性格文静温顺，依赖人类。

## 英国短毛猫
### British Shorthair

英国土著猫，血统古老。粗短浑圆的体型十分可爱，性格沉稳、喜好安静。有"英国蓝"之称的灰色皮毛很受欢迎。

# 去哪里带猫回家

Where do you get a cat from

对于想要养猫的朋友来说，获得猫咪的方式各不相同。
让我们结合费用来考虑如何入手吧！

meow

## 流浪猫

### 现实中最常见的方式

事实上，有很多养猫的朋友都是无意中捡到了猫。其中更有很多人从一开始并没有养猫的打算，只是因为捡到了才去饲养。虽然猫不是想捡就能捡的到，需要机遇。但目前，为了我们日后与它们的相遇，来积累些知识吧！

流浪猫看似健康，但可能患有各种疾病。因此，一旦捡到流浪猫，首先得带它们去宠物医院，之后就需要按照下面的方法进行护理。尽量在捡猫当天，带它回家前就送至医院检查。

此外，我们应当注意那些看起来是流浪猫，实际上是别人家走失的猫。项圈上如果附有猫咪身份牌，请跟主人联系。有些猫的脑袋后还装有微型芯片，也请让兽医检查检查。猫原来的主人或许正在焦虑地寻找它们呢！

★ P.120 给猫找一个主治医生

猫的体表也许藏有跳蚤、蜱螨，耳朵中可能长有耳虫，腹中也许会有蛔虫等。不用说，这些寄生虫都会危害猫的身体健康，令人担忧。一旦寄生虫在家中繁殖，人们也要遭罪。我们可以采用在猫脖子后滴药或者送服药物的方式进行驱虫。

★ P.138 体外寄生虫症
★ P.140 体内寄生虫症

在已经养了猫的情况下，检查新捡来的流浪猫是否患有传染病更是必不可少。如果捡来的猫患有类似猫白血病等严重的传染病，在一个房间内饲养会感染已养的猫。如果没有其他的猫，则无需立即进行病毒检查，但等到安顿好后一定要去检查哦！

★ P.126 病毒检查、驱虫以及接种疫苗

对猫进行全面的健康诊断：看它是否受伤、身体状况如何、是否拥有先天性疾病，必要时需要给猫输营养液或者打点滴。如果猫患有重病，或者受伤，请咨询医生是否有恢复的可能，以及治疗费用。需要在家里喂药时，也请牢记操作方法。

根据幼猫年龄不同，需要针对性进行喂奶、断奶，或者喂食专用猫粮等不同操作。请大家向兽医咨询如何喂养、照料小猫。成年猫也是一样，对它进行健康管理需要进行一定程度的年龄推断。我们可以通过判断牙齿的成长情况，推断出猫的大致年龄。

### 需要不断花时间照料

　　对于刚出生不久的小猫，需要每隔几小时就喂奶，协助排泄。对于需要工作的人来说，很难及时照料，因此把小猫送到宠物医院托管是一个好办法，亦可以向附近的爱猫协会寻求帮助。

　　在家进行照料时，请向兽医咨询清楚幼猫的喂奶方法及助排方法。健康的小猫可以使用幼猫专用喂养瓶进行喂养，但是过小的猫或者虚弱的小猫请用喂养器（没有针的注射器）一点点地喂食。

从宠物商店购买幼猫专用奶，使用喂养瓶或喂养器进行喂养。牛奶会使小猫腹泻，基本上不能食用。深夜时分，如果没办法买到幼猫专用奶，可以暂且喂它一些加热沸腾后冷却下来的牛奶。

## 用温暖的床铺保持体温

幼猫无法自己维持体温，通常情况下它们都会窝在母猫怀里。因而当母猫不在时，保温十分重要。我们可以使用暖宝宝或宠物取暖器来创造一个温暖的环境。幼猫体温降低会使其体力也随之下降。另外，和母猫触感相近，软乎乎的毯子和毛巾也不能少。往箱子里放进取暖器和毯子，给它做一个温暖的小窝吧！箱子不要和取暖器尺寸相似，做大一些，留出小猫过热时能够挪动身体的空间。

幼猫无法自己排泄。母猫会通过舔舐来刺激它们排尿或者排便。人类可以用湿棉布或婴儿屁屁擦纸，轻拍它的肛门四周来刺激幼猫。

## 🐾 收养成年的流浪猫时

### 耐心地让猫适应家中的生活

也有人想要饲养成年的流浪猫吧？它们不像小猫一样走都走不稳，体型较大，捕捉起来也很困难。因而，可以使用像右图那样的捕猫器捉住它们。

为了享用里面的食物，猫会钻进去。只要踏进笼子，捕捉装置的入口便会关闭。

成年猫比幼猫警戒心强，习惯家内生活、熟悉人类方面需要一定时间。它们通常一离开家就藏进狭小的地方，很难照料。所以在猫习惯之前，将它们装进笼子里更为方便。

一个地区内可能会有大家一起来照料的猫。如果想收养此类猫，最好将自己的想法传达给大家。

在笼内放入猫厕、窝铺、水和食物等，想要抚摸时放猫出来就可以了。

## 从动物领养中心领养

### 寻找招募主人的猫咪

动物领养中心会召集领养人，我们可以在网上看到招募主人的猫咪照片。现实生活中也增设了很多和猫咪相处后，再决定是否领养的"猫咖"。从这些地方领养猫不失为一种好方法。

各保护团体都设有猫咪领养人条件。条件存在差异，有些团体不接受独居者、同居男女，还有60岁以上的老年人进行领养。我们可以在网络上寻找自己符合哪里的领养条件。同时，几乎所有团体都要求对猫进行终身饲养、室内喂养、定期检查、绝育手术。有些团体还会事先进行房屋检查，查看饲养环境是否合适。

位于东京·大塚和西国分寺的"东京保护猫咪咖啡厅"，是咖啡厅式的猫咪收留所。在这里，我们可以和各种猫咪玩耍，找寻心仪的猫咪。只需捐款便可使用。仅光顾保护猫咪咖啡厅，也能支援保护团体的活动。

## 从宠物商店或者猫舍购买

方式 3

### 纯种猫咪的入手方法

想要饲养纯种猫，需要在宠物商店或者猫舍进行购买。虽然去宠物商店是最方便的入手途径，但切忌冲动消费。如果没有对猫负责到底的意识，就不要买猫。

找到一家优质宠物商店也很重要。在劣质宠物商店购买的宠物，大多患有疾病或者情绪低沉。所以找一家店内干净整洁、气味正常、店员经验丰富的店铺吧！为减轻宠物压力，有的店家会划分宠物入笼时间，每隔一天进行展示。这样的店家更有爱心。我们需要注意那些展示过小猫咪或者狗狗的店铺。

去猫舍参观时，让我们检查猫咪饲养环境是否清洁，猫的父母兄弟是否健康吧。好的猫舍一旦认定购买者的家庭构成和饲养环境不合适，还会拒绝销售。他们对猫的感情就是如此深厚。但如果与之建立了信赖关系，这些猫舍的人今后将成为良好的养猫交流对象。

# 健康的猫是什么样

让我们来了解一下健康猫咪的身体状态！
这有助于我们选择健康猫咪，进行养猫后的健康检查。

## 为了能早点发现病症

流浪猫、受到保护的猫可能出现感冒等症状。为了能早日发现并治疗，我们有必要掌握猫的健康状态。

宠物商店饲养的猫咪也可能显现病症，购买者必须拥有分辨能力。一定要用手触摸，检查猫的耳内和屁股周围。

### 皮毛

健康猫咪皮毛具有光泽。皮屑、秃毛均是生病的征兆。猫咪时不时用脚挠身体，可能是身上有跳蚤、蜱螨。

### 屁股

屁股四周不干净是腹泻的症状。粘有的白色颗粒物可能是寄生虫卵。肛门旁边的分泌腺（肛门腺）在异常状态下会散发恶臭。

## 眼睛

大量眼屎、含泪、充血，有可能是得了传染病。出现瞬膜（眼皮内侧的白色薄膜）代表猫的身体状况差。

## 鼻子

流鼻涕可能是患上了传染病。猫咪清醒，但鼻头干燥也是身体状况差的表现。

## 耳朵

耳屎多且散发恶臭，这可能是耳螨的原因。健康猫咪的耳朵呈粉色，很干净。

## 嘴巴

健康状态下猫咪的齿龈呈粉色，状态紧实。患有口腔炎症或牙周病时则会变红。口水不止也是猫生病的征兆。

# 养猫需要准备哪些东西

Required goods you must get

这里介绍一些养猫前需要准备的物品。
通过比较各物品的功能和实用性来选择一款吧！

**餐具**

准备好猫咪的食盆和水盆。不是
宠物专用器皿也没有关系。推荐
使用陶瓷或者不锈钢器皿，不易
滋生细菌。

**猫包**

带猫咪回家或者去医院都需要
它。猫包有布制、背包样式等
各种款式。如果是去医院看病，
推荐使用 P123 介绍的航空箱。

**窝铺**

准备好猫用窝铺、猫房更
能让猫咪安心。也可以在
笼子或者箱子里铺上毛毯
等。位置选在房间角落、
橱柜上，或者阳光充足的
地方。

## 猫砂盆和猫包是必需品

带猫回家当天，至少要备好猫砂盆和猫包，其他物品可以慢慢添置。尤其是猫砂盆，不论是对守护猫咪健康，还是对保持房间清洁都很重要。猫不会使用不喜欢的东西，所以比起猫主人这一方，优先顺从猫咪的喜好吧！猫抓板也一样，有很多种类，可以结合性价比来选择。其他猫主人选择的商品，也是我们的参考物。

窝铺和玩具不是现成的也没关系。用上家里的东西，手工制作也很有乐趣。

### 结团猫砂式猫砂盆

使用了能使猫的尿液结团的猫砂。猫砂盆是单纯的塑料箱，只要猫能进去，不是专用容器也是可以的。

### 双层式猫砂盆

上面是非结团猫砂，通过隔架的尿液会被下部的尿垫吸收。也称为结构式厕所。

### 猫砂盆

拥有各种样式，大致可分为"结团猫砂式猫砂盆"和"双层式猫砂盆"。一开始使用结团猫砂式猫砂盆，和真砂类似的细砂不易引起猫咪反感。

### 猫砂

有纸制、矿物制、豆渣制等多种类型，结团效果和气味吸收力各不相同。如果不喜欢就不会使用，请大家结合猫咪的喜好来选择吧！

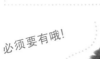

必须要有哦！

## 玩具

无论是让猫动起来，还是与猫互动，都需要这样的东西。一般来说用逗猫棒就可以了。猫咪玩的时候会抓到玩具的头部，注意不要让它们误吞下去。为防止误食，尽量不要把玩具随便乱丢，这样比较安全。

★ P.68 让猫运动起来

### 身体养护用品

准备好指甲刀、毛刷、牙刷、猫用磨牙粉等。指甲刀和毛刷类型很多，根据爱猫的毛发特征来选购容易使用的吧！

★ P.62 猫的养护

### 笼子

虽然不是必需品，但我们可以在里面放置猫砂盆，创造一个让猫安心的空间。在猫咪熟悉家里环境之前使用笼子，也很方便我们照顾它。

## 项圈和身份牌

为了防止猫咪从家里逃脱走丢，我们有必要给它戴上标有猫主人联系方式的身份牌。虽然有些猫体内装有微型芯片，但最好还是戴上项圈和身份牌。因为如果只有定位器，不经过调查就无法和流浪猫区分开来。

## 什么是安全项圈？

给项圈施加一定程度的力，扣就会自然打开。这是为了防止猫咪在屋外被树枝勾到项圈无法动弹，或者在室内挂到窗帘滑轨被勒住脖子而设计出的东西。虽然在屋外，身份牌会随着项圈一起脱落，但猫的安全是第一位的，这是该设计的初衷。

嘣！

## 猫抓板

猫有磨爪子的习性。有一个好用的猫抓板，可以防止它们在墙上或者家具上磨爪。猫抓板有纸板制、麻绳制、木制等多种类型。

★ P.94 用家具和墙壁磨爪子的时候

# 布置房间

站在猫咪的角度上决定猫砂盆和食盆的放置场所吧。
为了防止房间内发生事故或者被猫挣脱，需要采取一些措施。

有些小猫还会钻进意想不到的缝隙里，
我们怎么找也找不到。这时，可以在
猫脖子上系上铃铛，便于寻找。

## 排除房间内的危险因素

摆设猫咪用品的要点如右侧这一页所示。刚带回家的猫十分警惕，会钻进狭小的缝隙里不出来。因此我们最好用毛巾等把缝隙塞住，防止它们钻进冰箱后面等人手够不到的地方。我们建议带猫回家后，不要立马让它满屋子跑，而是把它的活动范围限制于一个房间内。等到猫熟悉环境之后，再慢慢开放别的房间。也可以在猫熟悉之前将它放在笼子里照顾，等它习惯后再打开笼子，等猫出来活动。

请好好检查房间内有没有对猫来说比较危险的东西。如果被大头针、图钉等刺伤就不好了；如果吞下烟草、烟灰，或者人类药品，会危及猫咪生命。尤其是那些好奇心强烈的小猫咪，非常容易误食这些东西，我们必须要注意。同时，咬到电线的猫可能会触电，以防万一可将电线藏在家具后面或者裹上绝缘套。

观赏用植物和花卉当中，含有很多猫咪吞下后十分危险的物质。安全起见，一般不要放置除了猫草以外的其他植物。

★ P.116 对猫有害的食物与植物

## 🐾 食盆远离猫砂盆

猫一般不会在上厕所的地方吃东西。从卫生角度来考虑，猫砂盆也应该和食盆分开。流浪猫的进食场所和饮水场所不同，所以最好在除了食盆以外，猫咪经常路过的地方也准备好水盆。

## 🐾 猫爬架，让它们能够登上高处

猫需要爬上爬下地运动。我们可以摆上市面上买到的猫爬架，或者多摆几个高低不同的家具构成阶梯状，让猫能够爬到高的地方。猫位于高处的时候才能感到安心。这样也能让它在炎热时候下到凉爽的床底，寒冷的时候爬到聚有暖空气的高处。

## 🐾 制造一个温馨的窝铺

有自己味道的窝铺能够给予猫安全感。尤其是刚领猫回家的时候，在窝铺内放入它至今为止都在使用的毛毯或毛巾，猫咪就能感到安心。

## 🐾 猫砂盆放置在房屋角落等令它们感到安心的地方

猫在上厕所时会卸下防备，因此它们不会在没有安全感的地方排泄。同时，冬天猫厕点太过寒冷，它们可能会憋着不上厕所。让我们为猫咪选择一个安静隐蔽、温度适宜的地点吧！想办法拿到猫咪之前都在使用的厕所猫砂，将它放置在猫厕里，能够提升猫砂盆设置的成功率。今后，也要常常使用相同种类的猫砂！

★ P.58 训练猫上厕所

## 做好防止猫逃脱的措施

不久以前，一般家养猫也能自由外出。但是现在，放养猫咪会引发邻里间的矛盾，尤其是在人口密集居住的城市里。因此，不要放它外出，尽可能地在屋内饲养吧。况且，猫咪在室外很可能遭遇交通事故，或者走丢。

因此，我们必须想办法防止猫趁主人不注意跑出去。玄关、窗户是猫咪逃脱的两大地点。

我们最好在玄关内侧设置围栏或者网纱门，采取双重门防备。没办法安装双重门时，应该用包等东西堵住脚下，防止开门的时候猫咪溜一下跑出去。晚上玄关很暗，我们可能都没注意到猫跑出去了。这时，可以设置地灯让脚下亮起来。

窗户只要上了锁就没问题。但万一没上锁，有些伶俐的猫咪会用前脚掌打开它。纱窗也是一样。所以想要安装纱窗时，请装上纱窗锁吧！有些猫受巨大声响的惊吓而陷入恐慌，可能会冲破纱窗逃走，推荐您换上宠物专用牢固纱网。家中的推拉门也同样会被猫推开，我们可以使用带锁的专用门挡，防止猫咪逃脱。

为了让猫晒太阳而放它去阳台时，可以使用专用网，将整个阳台罩起来。对身体柔软的猫来说，像狗那样只给它拴上带子是不够的，这样猫咪很容易挣脱。从高层上坠落还可能使猫丧命。

一旦猫咪走丢，可能就再也见不到它了。为了防止此类悲剧发生，让我们做好防止猫咪逃脱的措施吧。

外出时在门前放好网架，能够防止回家开门的那一瞬间，猫从人的脚下一溜烟儿跑掉。

检查猫咪攀爬点的
承重量和安全性。在
危险的地方，摆满小
件物品，让猫无法
"登顶"。

# 养猫第一天的心理准备

How to pick up on the first day

准备好了工具，布置好了房间，是时候带猫回家了。
下面介绍一些需要做的思想准备和养猫技巧吧！

### 尽量在白天带猫回家

猫咪在不熟悉的环境中，身体很容易出问题。如果猫生病了，还是在夜间，要带它去宠物医院可不简单。因此，趁着白天带它回家更令人放心一些。以防万一，我们可以提前找好医院。

回家途中，将猫咪装进猫包。包里放入它一直都在用的毛毯或者毛巾，这样猫咪会安心些。倘若使用能看到外面的猫包，猫会对不熟悉的景象产生恐惧感，所以我们还是用布或者毛巾盖上，把它藏起来吧。途中猫咪很可能会害怕地叫，但大家千万不要打开猫包。猫咪跳出来跑掉可就不好了。

将猫包放入为猫咪准备好的房间或者笼子里，等待猫自己出来。

猫一旦藏进杂物间的深处，我们完全束手无策。为了避免它进入麻烦的地方，提前布置好房间吧。

## 化解猫咪戒备心的诀窍

到家后，打开猫包的盖子，放置在房间角落。这时，猫主人切记不要强行拖拽，而是等待猫咪自己走出。尽管担惊受怕的猫咪很难迈出第一步，但如果我们强硬地将它拖出来，只会给它留下不好的印象。同时，我们要尽量保持安静，给猫咪创造一个能够沉下心的环境。这样，一点一点卸下防备的猫就会战战兢兢地走出来。只是，虽然这时它从猫包里出来了，但还是会躲进沙发底部等隐蔽地方，就随它去吧！大吵大闹、盯着猫的一举一动、通过不断呼喊让猫出来等行为，只会加强它的戒备心，我们就假装毫不关心地随猫咪去吧。当然，了解猫咪的状态必不可少，不过还请大家冷静观察，不要过度干预。

在猫咪的旁边备好猫粮还有水。它大多会趁着没人的时候进食，我们也可以暂时去别的房间避避。在猫目光所及的范围内，装作对它不感兴趣的样子看看杂志、一骨碌躺下、甚至睡个短暂的午觉，都是化解猫咪戒备心的好办法。

稍稍卸下防备心的猫会开始嗅闻周围的气味。对猫来说，熟悉所处位置（地盘）极其重要。这时候，我们只能静静地通过斜视来观察它的状态。如果猫咪来到身边，则可以试着轻轻地伸出食指。猫嗅闻了指尖气味，这也意味着我们和它打了招呼。（可参考 P.18）

猫咪内心不安就不会去玩耍，因而第一天就用玩具来逗猫或许有些早。这时就算挥动逗猫棒，也只会让它感到害怕，让我们根据猫的状态来判断吧！

# 麻烦事件簿

这里整理了一些带猫回家后，发生的始料未及的突发事件，
全都是猫主人的真实反馈！

## 在吞吃流浪猫的那个夏天

没有任何养猫经验的我，捡到了一只小流浪猫，就这样开始了养猫生活。捡到它是在春天，我们也算是安然度过了一段日子。但一到夏天，跳蚤竟然长得到处都是！它们在房间里蹦来蹦去，我的身体上也全是被咬的痕迹。一般来说，只需用药就可以驱除猫身上的跳蚤，但想要清除遍布家中的跳蚤，就必须进行大扫除。为了焚烧驱虫用的烟熏剂，我不得不带着猫在外面公园内晃荡了两个小时左右。跳蚤可真是可怕！有些怨恨最初带小猫回家时，没有告诉我必须驱虫的兽医……（东京都 /S）

## 在橱柜被困了半天

我从朋友家领养了一只小猫，兴奋极了。有一次带它出去，猫咪钻进了橱柜里面的小缝，怎么都不出来。尽管猫也在心慌地不停叫着，可任凭我怎么呼唤它都不为所动。我伸手进去又够不着，几次三番的尝试都被挡在了外面。因为这橱柜十分沉重，只有我父亲能搬得动，我不得不等到他晚上回来。终于挪开橱柜抓住猫咪的那一刻，我和它皆是筋疲力尽。也许是太害怕了，小猫竟然在橱柜里面撒了尿。（埼玉县 /M）

小贴士　流浪猫身上的寄生虫也会给人类带来危害，我们最好在带它回家前就进行驱虫。一定要用正规宠物医院的药方！

小贴士　猫会钻进意想不到的窄缝之中，小猫咪尤其如此。因而，我们需要在猫熟悉家里情况之前，用毛巾等物塞住不安全的缝隙，或者使用笼子喂养。如果猫溜进了缝隙，我们也得维持镇定，保持安静，这样比较容易消除猫的戒备心，它们自己出来的概率也会变高。即便是小猫，被它用力地咬后也会受重伤，要注意！

哇！

有一天，我听到房间外传来微弱的猫叫声。循着声音的方向寻找，不知怎的在家里仓库发现了一只刚出生不久的奶猫。我找不到母猫，就着急忙慌地带它去了附近的宠物医院。根据兽医诊断，这只奶猫出生两周左右，需要不断花时间喂奶，并帮助它排泄。就这样，我马不停蹄地开始了养猫生活。虽然半夜起床给它喂奶很麻烦，但看着它大口大口吃着喂养瓶里的奶，样子那么可爱，我便有了动力。中间有一段时间小猫便秘，我在咨询兽医后对它进行了灌肠。头一次看见便便那么高兴（笑）。最初我是想给它找个领养人，但是它到现在都像我的孩子一样，十分舍不得，于是我便在家里养着了。尽管有一个嗷嗷待哺的孩子生活很辛苦，但是十分有意义。（神奈川县 /Y）

立马带它去宠物医院是十分明智的举措！一般的灌肠是让甘油进入体内，可能会加重肠黏膜的负担。因此，请一定由医生诊断后操作。

伤心……

宠物商店买来的猫咪，竟然患有疾病

离家不远的宠物商店有一只雄性的美国短毛猫。我和丈夫商量后，将它买回了家，十分疼爱。但是，我们注意到猫咪在玩耍后会张开嘴努力地吸气，于是就带它去了医院。一检查发现，它竟患有先天性心脏疾病，让我深受打击！我们将这件事告诉了宠物商店，他们说要么给我们退一部分钱，要么给我们换一只别的猫。但是我们已经放不下这孩子了，所以拜托他们返还了一部分钱。选择这个孩子我们并不后悔，只是真没想到宠物商店销售的猫也会患有疾病，感到很吃惊！（爱知县 /N）

如上所述，消费者中心有很多关于购买者和宠物商店产生纠纷的案例。将宠物的身体状况如实告知购买者是宠物商店的义务，但仍有店家并未完全说明。有的宠物甚至刚买回家就生了病，然后死掉了。这种情况下，我们大多没法搞清导致宠物死亡的疾病是发生在购入前还是购入后，向店家索赔也就存在困难。所以，购买宠物前，一定要选择一家优质店铺，提前充分了解。

# 我第一次养的那只猫

　　第一次与猫接触是在我小学 4 年级的时候。有一天，祖母喊我过去，说是家里的花盆里有一只小猫。果然，我在那里发现了一只双眼紧闭、如同手掌大小的狸花猫。它瑟瑟发抖，看起来那么弱小，我连忙带它进了房间。但是，当时的我完全没有养猫经验。不知如何是好的我，只好带它冲进了宠物医院。经过检查，医生告诉我这只猫咪刚出生不久，还教我怎么给它喂奶、协助排泄。那天傍晚，我不得不去练习这些技巧，但心思全在小猫身上，精神一点都集中不了。

　　我给它起了个名字叫"Lucky"，并决定收养它。在那之后的几周里，我每天都很兴奋，内心也充满了感动。我为 Lucky 喝奶的多少，一时欢喜一时忧愁。当 Lucky 第一次能够自己上厕所时，我们全家齐声称赞。对年幼的我来说，这是一次前所未有的体验。同时，能够平平安安地将它养大，我很自豪。Lucky 是一只典型的猫，总是腼腆地静坐在边上。这一点让我感觉我们很相像，也让我越来越喜欢它。

　　和 Lucky 相遇的那一刻，我和我的家人都没有想到，我以后会成为兽医，甚至开设一家专门的猫科医院，和猫结下一生不解的缘。如今，一有小学生将捡到的猫带来医院，我就会想起我小的时候。"或许这孩子将来也是个兽医！"，我一边这样想，一边为猫诊治。

富田园子

## 第二章

# 养猫的基本方法
## Basic Care for a Cat

# 食物的基础知识
## Basic knowledge of cat's feed

健康的身体在于饮食。猫也有猫的营养学。
学会正确方法，让我们为猫准备适合它们的饮食吧！

## 为什么需要猫粮

对于食肉的猫来说，蛋白质是它们最需要的营养素。它们所需要的盐分量极少，因此给猫喂食人类的食物会导致摄取过量。同时，"必需氨基酸"是体内无法生成，必须从食物中获取的成分。人体所需的"必需氨基酸"有9种，猫则可达11种。由于所需营养不同，猫需要摄入与之相应的食物，而能够满足这些条件的就只有猫粮了。

当然，我们也可以用家禽肉或鱼肉来自制食物喂养猫咪。不过，如果不具备专业知识，想要做出营养均衡的饮食还是很困难的。一旦喂了有害的食物，猫的生命也会受到威胁。

 ★ P.116 对猫有害的食物与植物

## 主食选择

并不是所有猫粮都适合做主食。标有"零食"字样的猫粮，就如同名字所示，都是正餐的补充，要求我们少量喂食。主食以外的猫粮容易使猫上瘾，但也应该控制在每日必需量的20%以内。喂食过量会使猫营养不均衡。特别是湿性主食猫粮格外少见，让我们好好确认包装上的标志吧！

### 什么是牛磺酸缺乏症？

牛磺酸是猫的"必需氨基酸"之一。无论是人还是狗，都能够在体内生成牛磺酸。但是猫不可以，它们必须从饮食当中摄取。牛磺酸摄取不足，会导致视力受损，引发心脏疾病。给猫喂食主食猫粮，能够提供它们所需足够的牛磺酸。

## 🐾 人类与猫咪所需三大营养素比例的差异

人类

脂肪
14%

蛋白质
18%

碳水化合物
68%

猫咪

脂肪
20%

碳水化合物
45%

蛋白质
35%

不一样！

上图是人类和猫咪在饮食中，所需三大营养素的平均比例。猫比人类更需要蛋白质。
它们有着和人类不同的身体和饮食习惯，来准备与之相对应的食物吧！

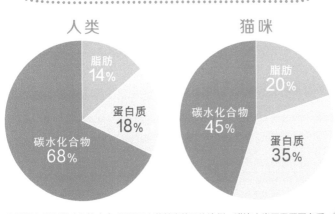

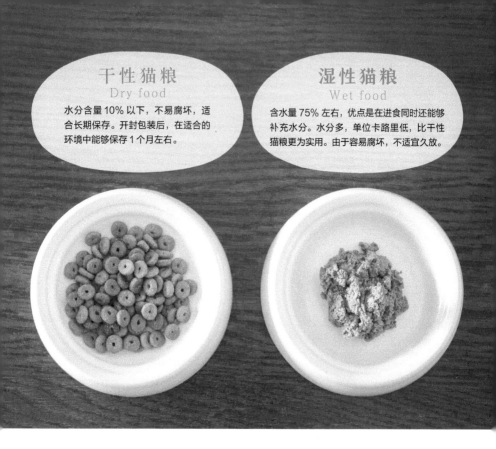

**干性猫粮**
Dry food

水分含量 10% 以下，不易腐坏，适合长期保存。开封包装后，在适合的环境中能够保存 1 个月左右。

**湿性猫粮**
Wet food

含水量 75% 左右，优点是在进食同时还能够补充水分。水分多，单位卡路里低，比干性猫粮更为实用。由于容易腐坏，不适宜久放。

## 寻找适合猫咪的主食

主食猫粮也有很多种。看着这堆积如山的食物，真是让人难以选择！

首先，我们需要选择与猫咪年龄相符的猫粮。很多品牌都根据猫的年龄，将猫粮分为"幼猫猫粮"、"成猫猫粮"和"老年猫猫粮"。幼猫猫粮颗粒很小，只需少量便能摄取较多的卡路里；老年猫猫粮则加入了有抗衰老效果的维生素。各商家根据猫的年龄段不同，在猫粮上下了不少工夫。

此外，还有很多大肆宣扬产品效果的猫粮。例如："室内猫用""肥胖猫用""预防猫毛打结用""预防牙结石用"等。但这些只会使猫主人产生混乱。有人会烦恼："我家猫是在室内饲养的，有些肥胖，还想预防毛打结和牙结石，到底选哪个？"

最好的方法是咨询经常就诊的兽医。饮食对身体健康十分重要，兽医也会爽快地和我们沟通。这样一来，不仅能够检查爱猫的身体状态，还能得到好的建议！

"将防止毛打结和防止牙结石的猫粮，对半喂给猫吃。"这种方法会使两者的作用都得不到充分发挥。所以，不要想通过饮食来获得所有效果，也考虑考虑梳毛和刷牙等方法吧。

## 干性猫粮和湿性猫粮的区分

尽可能让猫能吃到干性猫粮和湿性猫粮两种猫粮。湿性猫粮的优点是能够顺道补充水分；干性猫粮的优点是种类丰富、易于保存。由于干性猫粮比较便宜、重量轻，因而便于在猫咪生病必须食疗时，或者发生灾害时使用。

湿性猫粮容易上瘾，喜欢吃的猫很多。因此将干性猫粮作为平日的主食，偶尔用湿性猫粮当作零食，这样分开使用也不错。对于那些吃得多、且不吃到一定的量就不满足的猫，在同等卡路里的情况下多给它一些湿性猫粮吧。

饱含水分的湿性猫粮容易腐坏，特别是夏天，一直放在食盆里很不卫生。不吃的部分还是放进冰箱吧。就算将其冷藏在冰箱里，开封后的湿性猫粮也只能保存一天左右。

干性猫粮不容易腐坏，但是在食盆里搁得久了，味道会随之变差，猫咪就不会再吃了。放置一天以上的部分就倒掉吧！

### 什么是食疗食品?

为了治疗特定疾病而制作出的食物，基本上都是根据兽医的诊断来决定的。最近在网络和家庭用品商店也可以买到。只是简单判断就给猫喂食，不仅不能发挥疗效，还有产生相反效果的可能。食疗食品有各种品牌，一些猫不能吃 A 公司的猫粮，但可以吃 B 公司的猫粮。

作为特殊的零食，可以给猫吃煮好的鸡脯肉。但是请在人类餐桌以外的地方喂食。猫一旦养成在人类餐桌吃饭的坏毛病，也会将爪子伸向其他对其具有危害食物。

### 喂养适量的猫粮

　　毋庸置疑，喂得太多猫会变胖。让我们了解猫咪适当的食量，防止它发胖吧！适当食量的计算方法如右侧所示。因为食物卡路里不同，喂养食物需要按照卡路里量计算出克数，以此决定一天的猫粮量。我们可以每天使用厨房秤称重，提前根据用量将猫粮分成小份。

　　尽管喂了相同的量，但猫咪体质不同，还是可能出现容易胖的情况。因此，我们有必要定期给猫称重，或者让兽医检测猫的体脂。已经发胖的猫就不用参照右边的公式了，该公式需要猫咪在标准体重范围内进行计算。还是咨询兽医后再来确定猫粮量吧！

### 成年猫所需卡路里量

（一日量）

$$(体重kg^{0.75}) \times 70kcal$$

猫咪体重的 0.75 次方，再乘以 70 就得出了所需的卡路里量（使用计算器时，在"体重 × 体重 × 体重"之后按压 2 次 $\sqrt{\ }$，再乘以 70。）。比如，体重 4kg 的猫，用（$4^{0.75}$）×70 算出每天需要约198kcal。如果有一种猫粮每 100g 含有400kcal，那这只猫每天需要约 49g 这种猫粮。实在理解不了的朋友，也可以简单以"体重kg×60kcal"的公式计算。

## 肥胖的猫为什么会有危险？

肥胖使得所有疾病的发生率都提高了。肥胖猫咪患糖尿病的概率大约是正常体重猫咪的4倍。由于关节处负担加重,它们很容易得关节炎。此外,还容易染上膀胱炎、皮肤病、便秘。虽然猫咪外表圆滚滚的看起来很可爱,但为了它的健康,还是要保持正常的体重。

已经发胖的猫咪必须要减肥,但我们最好在向兽医咨询的同时进行长期规划。过激的节食甚至绝食会引发"脂肪肝",千万不要这样做。

★ P.140 脂肪肝

★ P.141 糖尿病

## 喂食的次数与时间

每日喂食的次数应为2~3次。猫本来的进食习惯就是少量多次。我们可以将每天的猫粮分为早晚2次,或者早中晚3次。每天喂1次对猫来说,不仅肠胃负担大,空腹的时间还长,对身体不好。尤其是减肥中的猫,少量多餐的方法效果甚佳,还可以减轻它减肥的压力。

只养了一只猫的特殊情况下,我们可以直接将干性猫粮放在食盆中,等猫想吃的时候再吃。不过,倘若猫咪喜欢一口气就吃完猫粮,我们还是分次喂养更好。

喂食时间尽量相同。猫体生物钟会记住饮食的时间。吃饭对猫咪来说是很享受的事情,所以不要辜负它们对食物的期待!

养了好几只猫的时候,会出现贪吃的猫抢食其他猫猫粮的情况。为了防止这种现象发生,我们可以看着它们吃完,或者将个别猫放进别的房间、笼子里进食,使得每只猫都能吃到分量相当的猫粮。

### 🐾 没有猫草也没有关系

市面上销售的名为"猫草"的植物,是禾本科麦草。有的猫很喜欢吃,也有的猫不喜欢,我们没有必要强制猫咪进食。至于为什么猫咪喜欢吃猫草,原因尚不明晰。有人认为猫咪进食猫草是因为它的前端可以刺激胃部,帮助它们吐出毛球,也有人认为猫咪是为了化解便秘才摄取里面的食物纤维,真相到底如何呢?

养了好几只猫时，猫主人要注意看家里是否存在抢食现象。抢食会导致部分猫咪过于肥胖或者营养不足。

## 做好让猫咪大量饮水的设施准备

为了能让猫及时止渴，我们要经常准备一些新鲜的水！猫本来并不需要太多水分，但是饮水过少容易引发泌尿系统疾病，如慢性肾脏病、尿石症等。因此要努力让猫尽可能多地饮水，这关系到它们的身体健康。

最简单的方法，就是在房间各处都摆上水盆。除了平时的水盆之外，在猫咪经常走动的地方也放上水盆吧。装在亮闪闪玻璃容器或者新容器里的水，能够勾起它们的兴趣，促使猫咪舔舐。有些猫喜欢流动的水，我们可以装上自动饮水机。冬天，有的猫咪喜欢喝热水。夏天，在水里搁上冰块，猫咪会一边玩一边舔舐。

不过，什么都没做猫却经常喝水，这不是件令人高兴的事。猫咪可能患上了"多尿多饮"症（饮水量和尿量都增加的症状），快去宠物医院咨询吧！

★ P.139 泌尿系统疾病

## 想要更换猫粮的时候

出于健康考虑，将目前为止都在吃的猫粮更换为其他猫粮时，需要经过一小段适应期。第一天，旧猫粮和新猫粮的比例9∶1，第二天是8∶2……以此类推，逐渐增加新猫粮的比例。请大家计算出合适的卡路总量。

有些猫，无论怎样都不吃新猫粮；十分讲究的猫咪，就算饿着肚子也不进食。如果是为了治病采取食疗，就需要我们多花几天，坚持不懈地努力了！同时，有的猫会吐出新的猫粮，这说明猫粮与其体质不符。

有人本着"不让猫咪多尝几种口味多可惜啊！"的想法替换了主食，其实这是不好的。一般来说，只要猫粮符合猫的体质，即使不换也没有关系。想要让它尝尝鲜，喂食少量味道不同的零食就足够了。

★ P.135 食疗的更换方法

猫不适合喝硬度高的矿泉水。矿物质会导致尿石症。使用晾凉的白开水即可。

# 训练猫上厕所
## Potty-train a cat

猫都喜欢干净。
训练它上厕所并没有多难。

## 猫咪会在猫砂上排泄

　　猫本能地就会在猫砂上排泄。因此，只要准备了铺有猫砂的猫砂盆，一般情况下它们就会使用。就算不去教它，只要我们在猫咪生活的区域放上了猫砂盆，它们也大多会利用起来。时不时地嗅地板，这是猫咪想要排泄的征兆。如果能抱起来的话，我们还是将它带到厕所吧，这样它也会记住。如果猫在地板上排泄了，将擦拭过尿液或者便便的纸巾放进猫厕，留下猫的气息，它们也会慢慢地在那里上厕所。

　　猫喜欢较细的猫砂。虽然颗粒大的猫砂不易散乱且便于打扫，但训练猫上厕所的时候，还是使用细的猫砂吧！其他猫砂可以等到它们学会上厕所后再尝试。

　　如果有带猫回家之前猫咪用过的猫砂，可以留下一部分。这部分猫砂它们用惯了，还带有自己的气息，能使训练变得更加简单。

　　猫砂盆位置最好在能让猫咪放松的地方，例如房间角落等。人类频繁进出的门口、电视机旁边最好还是避开！冬天，不能将猫砂盆安置在走廊角落等寒冷的地方，猫会觉得上厕所很麻烦，进而引发膀胱炎等疾病。所以，还是给它们安置在舒适的地方吧！

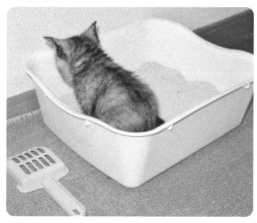

除了专用猫砂盆，用塑料盒等材料做猫砂盆也是可以的。幼猫身材弱小，选择一个容易跨过的矮物件吧。

有的猫怎么也进不去带有棚顶的猫厕。刚开始的时候，去掉顶棚吧！

## 保持猫砂盆清洁

猫咪不会使用被排泄物弄脏的厕所。倘若猫砂盆很脏，它极有可能会在地板上排泄，或者强忍着不排泄，进而导致膀胱炎等疾病。因此，我们有必要时常打扫猫砂盆。理想状态是猫每次上完厕所后都铲出排泄物，至少也要早晚两次清扫猫砂盆。隔层式猫砂盆虽然能够吸收猫咪一周的尿液，但必须同样去除便便。

容器自身也会被弄脏，让我们用湿纸巾来擦干净吧！同时，也有必要定期好好用水洗一洗。

条件允许的话，多放置几个猫砂盆。这样能降低猫砂盆弄脏的频率。尤其是养了好几只猫的时候，我们有必要按照猫的数量再多准备一个猫砂盆。倘若猫砂盆数量少，弱势猫会受强势猫的影响，产生"如厕"问题。

不仅是饲养了多只猫的时候，只要猫咪大小便存在问题，背后一定有某些原因。为了改善这一问题，我们必须找出真相。

★ P.96 猫随地大小便
★ P.139 泌尿系统疾病

猫咪尿液过少或者过多都可能是生病的信号。我们可以通过猫砂来大致判断猫的尿液量。结团猫砂可以看猫砂凝结块的大小，非结团猫砂可以看猫砂下尿垫的浸染程度。

## 通过排泄物进行健康检查

每天打扫猫砂盆时，都可以检查检查猫咪的排泄物。它是身体健康的重要标志。猫咪尤其容易得尿石症、膀胱炎等泌尿系统疾病，我们一定得注意！

红色的尿液（血尿）、痢疾、便秘都可以通过检查猫砂盆被发现。除此之外，请多注意它们与平时不一样的时候。例如，上厕所时间长、排泄期间痛苦喊叫、不断地进出猫砂盆但并无排泄等。尿液颜色浓淡、是否混杂结晶块（尿石症）也能体现出猫咪是否得病。如果您注意到这种情况，推荐带猫咪去宠物医院进行尿检。一整天都没有排尿的猫，有尿道闭塞的风险，可能会演变为急性肾脏损伤，寥寥数日危及生命，所以必须尽早治疗。

养了好几只猫的时候，不容易辨别出是哪只猫的排泄物，这样检查起来也很困难。但如果看见猫进了厕所，记得一定要检查！

宠物医生的建议

为了猫咪的健康，定期前往宠物医院进行排泄物检查吧！这样能够发现它们隐藏的病症。如果能够在家里收集到猫的排泄物，也可以不带它来医院。我们可以在经常就诊的医院获取采集尿液用的滴管。采集时，只需要 6ml 的尿液，以及小指尖般大小的便便。尽量不要让采集物附有猫砂，并在排泄后 1 小时内带至医院。其他注意事项还有很多，具体请咨询熟悉的兽医。同时，也可以将猫咪带到医院进行取样。

# 猫的养护
## Bodycare of cat

爱好干净的猫会自己梳理毛发。
但想要猫咪健康长寿，猫主人也需要给予它们养护！

### 如何留下好的印象

　　让猫习惯身体护理，首先需要让它们习惯被抚摸。讨厌被抚摸的猫我们也拿它没办法。强制按压着猫咪进行养护是绝对不可以的，这只会给它留下不好的感受，今后的养护也将越来越难进行。

　　为了给猫咪留下好的养护感受，我们可以利用零食。也就是在抚摸后、养护结束后，喂它吃特别的食物。此外，还有一个诀窍是缩短猫咪不能自由行动的时间。不要一次性将它所有的指甲都剪掉，分成好几次完成吧！

　　最好是在小猫社会化时期（可参考 P.22）让它熟悉这一环节，当然，成年猫也可以花时间让它习惯。大家耐心一点吧！

## 🐾 剪指甲

### 为防止伤到人或其他猫

尖锐的爪子可能会伤到人或者其他猫咪，因此我们要定期给它剪指甲。让猫习惯指甲刀，首先得让它习惯爪尖被抚摸的感觉。之后，按住肉垫找出猫爪，一个一个，慢慢地剪掉。

上了年纪的猫会减少磨爪的频率，它的爪子会一直生长，勾成一道弧度，甚至刺进肉垫里。与其等猫咪上了年纪后再熟悉指甲刀，不如在它小的时候就开始。

前脚

猫爪呈鞘状。猫咪通过磨爪可以去除外侧的鞘。泛红的根部存有血管，剪得过深会导致出血，所以我们只剪指甲的尖锐部分就好。

不容易抱起的猫咪，我们可以趁它翻身时剪指甲。实在不行的话，也可以拜托宠物医院帮忙修剪。

猫用指甲刀除了照片里的剪刀样式之外，还有钳子样式的。请选择一把用起来顺手、猫咪也不讨厌的指甲刀吧！有的猫会因为更换工具而变得不那么厌恶修剪指甲。此外，我们也可以使用人类的指甲刀。只是从上下两侧向中间用力时，可能会使猫爪断裂，需要注意。正确的方法应是沿着左右两侧修剪。

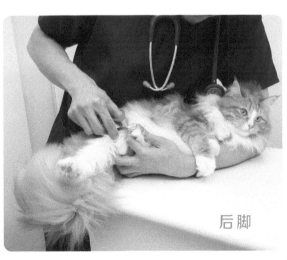

后脚

## 🐾 梳毛

### 去除脱落毛发促进新陈代谢

猫咪会通过舌头梳理并吞下脱落的毛，但吐出毛球对它们来说是一种负担。毛球在胃里逐渐变大，也会引发炎症，例如"毛球症"。不论是为了减少它们吞下毛发的数量，还是为

了减少房间内四处散落的猫毛，我们都要给猫咪梳毛。尤其是毛发容易打结的长毛猫，每天都得进行护理。短毛猫一周一次即可。但初秋之际，它们进入换毛时期，我们也得每天进行清理。

给猫梳毛不仅能去除脱落毛发，还能促进皮肤新陈代谢。梳毛时，也可以一边梳，一边检查猫咪全身是否存有异常。

★ P.140 毛球症

### 刷子的种类

**橡胶短刷**
橡胶制，去毛能力强。适合短毛猫使用。也有的产品像是手套一样，可以边抚摸边梳毛。

**排梳**
最适用于梳开纠结在一块的毛发等细致工作。给长毛猫梳毛时，最好先用排梳梳理顺。

**针刷**
梳子表面布满弯曲的细针。适用于长毛猫。太过用力会伤到猫的皮肤，因而使用时需要注意。

**猪毛刷**
有增加皮毛光泽度的功效。长毛与短毛猫均可使用。

一般情况下，先用排梳理顺长毛猫的毛发，再用针刷给它全身刷毛。刷毛前，可以少量使用防静电水喷雾。

## 🐾 猫用沐浴露的使用

### 长毛猫可以使用沐浴露

短毛猫基本上不需要沐浴露。但是长毛猫的屁股周围等地方，有些仅仅依靠刷毛很难取下的污渍。这时，我们可以使用猫用沐浴露。

只是大多数猫咪讨厌被水沾湿，也有很多猫咪因为发狂而无法继续洗澡。这种情况下，我们可以委托宠物沙龙帮忙清洗。在自己家给猫洗澡的时候，一定要使用猫咪专用沐浴露，同时在淋浴桶内盛入热水，用洗脸器或者海绵边加水边清洗。有很多猫害怕听到淋浴声。

清洗后认真用毛巾擦拭，再用吹风机吹干。猫咪在湿湿的状态下可能会感冒或者出现皮肤疾病，千万要注意。冬天的时候提前打开取暖设备吧！

65

用纱布做成的磨牙用具。无需猫咪张大嘴巴，闭着嘴也可磨牙。

## 🐾 猫用牙膏的使用

### 为了预防牙周病

　　猫咪不会有虫齿，但可能会得牙周病。不刷牙的话，它们不仅会口臭，还会由于牙痛无法进食，进而影响猫的寿命。使用宠物专用牙膏时，每次只需要一点点，慢慢让它习惯。初期，先将手指插入猫咪嘴巴。等到它习惯了触碰牙齿和齿龈的感觉，再用纱布进行磨牙。我们将浸湿的纱布套在手指上，擦拭猫咪牙齿。最终的目的是用牙刷来给它磨牙。猫最容易患牙周病的是犬齿和槽牙（臼齿）。让我们摩擦牙根，帮它去除牙垢吧！可以向经常就诊的兽医咨询详细内容。

★ P.142 牙周病

除了市面上售卖的猫用牙刷，也可以使用儿童用牙刷和齿间刷。还有仅靠涂抹就能见效的宠物专用牙膏。

## 🐾 清理下巴

### 可能有猫粉刺（黑下巴）

　　猫的下巴有臭腺，分泌物容易滞留。而在进食时，这里也很容易弄脏，因而长出黑色的颗粒物（猫痤疮）。让我们用温水浸湿的棉布来擦拭干净吧。

　　同样，尾巴的根部（背侧）可能会由于分泌物黏糊糊的，诱发尾腺炎。部分区域要用猫用沐浴露来清洁。

　　倘若症状恶化引发炎症，必须带它去宠物医院消毒等。

在由于分泌物而黏糊糊的状态下，易被细菌感染，进而引起化脓、脱毛等。

## 🐾 挤肛门腺

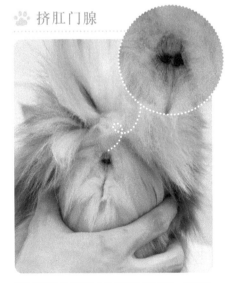

黑色的颗粒是分泌物在外侧凝结成的固体。挤出的分泌物有着强烈的臭味。

### 有必要挤出分泌物

　　猫的肛门两侧有"肛门腺"这一分泌腺。体内袋状物积蓄着分泌液，排便时从那里排出液体。根据猫的个体不同，有些猫容易积蓄分泌物，发出恶臭。严重的情况下，猫的袋状物会由于积蓄过多产生破裂，皮肤也会裂开。有此类风险的猫需要定期挤出分泌物。请向兽医咨询爱猫是否需要。操作方法是捏住猫的肛门向两侧挤压，但需要一定技巧，否则猫会由于疼痛而发狂。我们也可以交给兽医或者宠物美容师等专业人士来做。

★ P.141 肛门腺炎

# 让猫运动起来
## Let's exercise a cat

室内饲养的猫咪大多运动不足。
为了它们的身体健康，也为了给予它们适度的刺激，
更为了和它们更好的交流，来和猫一起玩耍吧！

## 满足它狩猎的天性

猫本就是狩猎的动物。就算是衣食无忧的宠物猫，也有着与食欲不同的狩猎欲望。如果狩猎欲望得不到满足，猫就会陷入欲求不满的状态。因此，我们有必要和猫咪做游戏。用逗猫棒或者球类玩具，让它们感受到捕获猎物的喜悦。15分钟激烈的游戏就能让猫咪满意。跳跃、爬猫塔……让它们动起来吧！

比起经常放在外面的玩具，它们会紧紧咬住只有在玩耍时才拿出的玩具。我们可以将有些玩腻了的玩具晾在阳台，让它沾上"陌生的气息"，猫咪就会再次对它产生兴趣。在地板上铺块布，将逗猫棒放在下面摇动，隐隐约约地让它看见又藏起来……猫咪很喜欢这样的游戏。让我们一边想出各种各样的点子，一边愉快地做游戏吧！记住最后让猫抓住玩具，满足它们的狩猎欲望。

没有时间和猫玩耍的时候，将纸揉成纸球在地上滚动，猫也会玩得很开心。也可以使用电动玩具。

猫是夜行动物。夜里突然苏醒、四处乱跑的现象时有发生。这是它们白天没有使用的能量爆发了。此时，让它们安静下来的最快方法是：一起玩耍。用逗猫棒等玩具让猫多做几个大跳跃，不久它们就会疲倦，变得安静。

### 注意不要让猫咪误食玩具

猫咪会误食（错误地吃掉）那些容易拆卸、可以一口吞下的玩具。如果误食的玩具可伴随便便一起排出体外，那还没有大问题。但有时这些玩具会堵住猫的胃肠，不得不进行剖腹手术。我们要尽量避免给它容易误食的玩具。如果发现猫咪误食，请尽早前往宠物医院。刚吞进去的东西是可以催吐出来的。届时，玩具碎片可以帮助医生诊断，带着它一起去医院吧！

不要让猫咪染上玩人类手指的坏习惯。它们会认为手指是可以啃咬、飞扑的。一定要使用玩具。

# 消暑与防寒对策

Take measures against heat & cold

对猫来说，不论是酷热的夏天，还是寒冷的冬天都十分痛苦。
为了防止猫咪身体变差，染上恶疾，我们需要采取相应对策。

## 设置一年之中最舒适的室内温度

寒冷的时候钻进毛毯里总能取暖，但炎热的时候只通过减少衣物是不够的。人类亦是如此。一旦中暑，可能危及生命。因此，酷热时期，让我们打开空调，给猫咪制造一个舒适的室温吧！对不怎么出汗的猫来说，用吹风扇蒸发汗液，降低体温的方法没有效果。开窗透气，也只有在室外温度比室内温度低的情况下才能见效。酷热难当时，这个方法不仅不能使用，还有让猫逃脱的风险。

我们可以同时使用清凉垫等用具。

喝水可以降低体温，因而要保证猫咪饮水充足。夏天时水质容易变差，早晚都要更换新鲜的水！

冬天，给猫做一个可以钻进去取暖的窝铺，或者使用宠物取暖器，就算不开空调也能安然度过。同时，猫咪在冬天的饮水量减少，由于它们觉得去厕所很麻烦，因而很容易患上泌尿系统疾病。我们要尽量将猫砂盆放在温暖的地方，通过多喂些湿性猫粮，让它们多摄取水分预防疾病。此外，加湿空气，也可预防传染病。

★ P.136 传染病
★ P.139 泌尿系统疾病

### 宠物取暖器

表面温度约38℃、内部温度约28℃的电热毯。可以根据猫的身体状况和天气选择适宜的温度。电线上裹有保护套。

### 铝盆

为抵抗夏天的炎热，给猫咪准备一个有着冰凉触感的窝铺如何？照片中的商品发挥了铝的导热效果，可有效降低体温。

### 宠物医生的建议

　　夏天，如果猫张开嘴巴大口呼气、体温超过40℃且无精打采等，很有可能是中暑了。我们应该立即带它去宠物医院，同时争分夺秒地为它降温。

　　降温方法是：将猫转移到开了冷气的房间，在它的腋下或者脖子处放上冰毛巾，将猫咪从脖子到身体都放入装满水的洗脸器等。不过，猫的状况不同，应急措施也不同，还是打电话给经常就诊的兽医，听听他的建议吧！在送猫去医院的途中，也需要努力降温，可将降温剂贴在猫脖子处帮助缓解症状。

　　猫咪中暑事关性命。夏天，封闭的房间、车内会达到意想不到的高温，一定不要忘记采取消暑措施！

# 如何让猫看家
## How to stay at home only cat

只留猫咪看家的时候，有几个需要注意的地方。
外出住宿还请参考 P.87 的意见。

## 舒适的房间内无需担心

温度适宜、饮水充足的情况下，只要不影响猫咪早晚吃饭，将它留下来看家是没有问题的，除非是需要不断花时间照料的小猫。当然，避免猫咪在看家时逃脱，不在房间内放置危险物品是最基本要求。

我们不用担心自己不在家时猫咪会孤单。它们按照自己的节奏生活，几乎一直都在睡觉。放心不下的时候，也可以装上监控。这样，我们不仅可以在外出时用智能手机查看猫咪的状态，还可以预防盗窃。

有时，我们不能赶在平日里喂猫吃饭的时间回家。偶尔让猫多等几个小时也是无可奈何的，但如果您放心不下，也可以使用自动喂食器。该设备能够在提前设好的时间里，喂猫一定量的猫粮。只是养了好几只猫的时候，它不能保证每只猫都吃到适量的猫粮。这时，我们可以拜托熟人或者宠物委托人来家里喂食。（可参考 P.87）

★ P.40 布置房间
★ P.70 消暑与防寒对策
★ P.87 想出门旅行的时候

### 自动喂食器

下图中是 Lusmo 品牌的宠物自动喂食器，能够根据单位时间自行设定喂食量，每刻度 5g。超大屏幕，操作简单。

### 监控

下图中是 Petcube 品牌的监控，使用它，我们在外出时用智能手机就能查看猫咪的状态，并通过手机与猫对话，晃动带有摄像头的遥控激光笔和它玩耍。

# 不可不知的猫百科

暂且放下有关照料猫的话题，让我告诉大家一些猫咪趣味百科。
猫的生活，真是不可思议！

### 喉咙发出的咕噜咕噜声，
### 是和父母的通信方式

猫在感到满足的时候，喉咙会发出咕噜咕噜的声音。实际上，这个声音本是小猫在喝奶的时候发出的声音。通过发出这个声音，它们向母亲传递自己"满意"的心情。小猫即便是喝着奶，也能方便地发出咕噜咕噜声，而母猫在听到后，也知道了孩子正在健康地成长。

猫长大后，咕噜咕噜声的含义也就变得多样化。它们想撒娇的时候"咕噜咕噜"，想吃饭的时候一边叫一边"咕噜咕噜"，甚至身体不舒服时也"咕噜咕噜"。有人认为"咕噜咕噜"地振动或许有助于猫咪自我治疗。

### 可能是在用超声波交流？

猫可以听见人类接受不到的高音（超声波）。人类最高能听到约20000Hz的声音，但是猫能够听到高达60000Hz的声音。有人说，它们不仅能够接收，还能发出超音波！尤其是小猫呼唤母猫时会发出超音波。你是否见过猫咪张开嘴巴，像是在叫却没有声音？说不定那时候，它是在用人类听不到的高音呼喊。

咕噜咕噜……

好臭！

### 看不清红色

猫在黑暗之中的视力及动态视力十分优秀。但是，它们分辨色彩的能力却很差。猫的色彩感知细胞只有人类的五分之一。人类看到的绚丽多彩的景象，对猫来说只是暗淡的一片。同时，它们几乎辨别不出红色，觉得那只是接近灰色的颜色。因此，无论选择颜色多么鲜艳的玩具，对猫来说都是一样的。

### 前脚一踩一踩的
### 是在思念小时候

小猫在喝奶的时候，会本能地伸出前脚去踩母猫肚子，争取多挤出一些奶。尽管猫咪长大了，但它们还保留着这个习性。一旦接触到毛巾等柔软的东西，前脚就会一踩一踩的。和母猫分别越早的猫咪，越多出现这种举动。这时，猫咪是在怀念被母猫抱在怀里、肚子饱饱、温暖又幸福的儿时，在它满足之前就让它不停地踩吧！

### 通过嘴巴也能嗅闻气味？

你是否见过猫咪闻到臭味，却半张嘴巴？实际上，这是猫在用犁鼻器感知气味。犁鼻器的入口位于猫咪嘴中的上颚部分。通过从这里吸入气味，经过与鼻子不同的路线将情报传送给大脑，用以感知气味。犁鼻器感知的主要是信息素。猫咪通过鼻子感受到气味中有类似信息素的东西，就会张开嘴来吸取。除了异性信息素，猫对人类体臭也有反应。它们闻到脱下的鞋子或者袜子，人类腋窝下等气味，也会表现出这个样子。看它们的脸色，就像是在说"太臭了"。但是，它们可能正觉得"太好闻了"。

真舒服！

## 三花猫基本上都是雌性

　　三花猫几乎都是雌猫。人们常说三花猫"傲娇、生性好强、自尊心强"。但归根到底，它们是娇滴滴的性格。

　　为什么三花猫都是雌猫呢？这与性染色体有关。雌猫的性染色体是XX，雄猫是XY。想要拥有茶色皮毛，需要有基因O；想要拥有黑色皮毛，需要有基因o。但是不论是O还是o，都存在于性染色体X上。三花猫是茶色和黑色皮毛的猫，必须要同时拥有基因O和o，因此要两条性染色体X才行。也就是说，只有性染色体XX的雌猫才是三花猫。与此相同，被称作的玳瑁的茶黑色混杂花纹猫咪也都是雌猫。

　　罕见的雄性三花猫也是存在的。这或许是由于性染色体发生异常，形成了XXY。三花雄猫的出生率只有1/30000，自古以来便很珍贵。

我们是女孩子

玳瑁猫　　　三花猫

我是男孩子

## 橘猫大多是雄性

　　三花猫和玳瑁猫基本上都是雌性。而橘猫大多是雄性。人常说"橘猫体型大。不拘小节，朝气蓬勃。"，总的来说，都是很阳刚的性格。

　　橘猫雄性多和三花猫雌性多的理由是一样的。雄猫只需一条性染色体X上出现O，就能成为橘猫。而雌猫因为有两条性染色体X，就算一个X上有了O，也有可能成为三毛猫或者玳瑁猫。两条性染色体X上都出现O才能成为橘猫，条件可谓严苛。因此，雌性橘猫相当稀少。

　　O型基因的橘猫在日本、东南亚很常见。据悉，日本可达30%，但欧洲只有10%。在日本经常能看到的橘猫，在欧洲可是很稀奇的！

## "异瞳"的秘密

一只眼是金色，一只眼是蓝色。我们将此类现象称为"异瞳"。由于左右两眼颜色各不相同，猫咪会显得十分神秘。

瞳孔的颜色由个体所拥有的色素量来决定。白种人种大多是蓝色眼睛，因为他们的色素量很少。我们黄种人种基本上是黑色或者茶色瞳孔，这是由于色素量较多。猫和人类大致相同。拥有蓝色眼睛的猫，大多是色素量较少的白猫。如果白猫色素量较多，也会生成金色瞳孔的猫。猫咪左右两边脸存在色素量差异，就会变成"异瞳"。人类也是有异瞳的！

蓝色眼睛的白猫容易染上遗传性听觉障碍。异瞳的白猫，其蓝色眼睛的一侧也有可能染上听觉障碍。有的猫会因为不能用耳朵确认周边情况，而变得神经质。我们最好不要突然抚摸这样的猫咪，会让它受惊。

异瞳

我们的父亲各不相同

## 母猫同时生出
## 不同公猫的孩子

一只母猫可以生出拥有各种各样毛色的小猫。决定小猫毛色的基因有很多，它们身上也会出现母猫没有的花色，这不是什么不可思议的事。但它们可能是不同公猫的孩子。

母猫在发情期，通过与多只公猫进行交配，可以怀上不同公猫的孩子。这是人类所不能效仿的，而对流浪猫来说十分普遍。母猫为了确保怀孕而和多只公猫交配，是繁衍后代的一种手段。我们曾遇到过一个案例，通过DNA检查，有5只同时生出的小猫，它们的父亲各不相同。看来这只母猫曾经很受欢迎！

# 我感受到的公猫与母猫之间的差异

　　男女之间的分歧和纠纷是由于思维方式的不同。男性是逻辑性思维，女性则是感性思维。猫会由于性别不同而存在差异吗？一般来说，公猫爱撒娇，母猫大多比较冷静。

　　个人感觉，公猫和母猫之间是有差异的。只是，我养过的猫咪当中，母猫有六只，公猫仅有一只。而且这只公猫还是我上小学时，独自生活在老家时养的猫。总的来说，我的养过的猫几乎都是母猫。目前，我和两只母猫、一只公猫在一起生活，这其实是我第一次真正养公猫。这只公猫真的非常爱撒娇，经常黏在我身后，让我渐渐相信了"公猫更喜欢人"这种说法。

　　目前还没有科学研究报告表明公猫和母猫的差异，但是从行为学角度来说，公猫和母猫身上有一种发病率不同的疾病。这就是"分离焦虑"。"分离焦虑"是指猫咪一和主人分开就出现不断叫喊、破坏家中物品等问题行为。数据显示，与绝育后的猫相比，未绝育猫咪发病情况较多。也就是说，公猫更依赖猫主人，这也和"公猫爱撒娇"说法相一致。

　　与之相反，母猫独立意识强，可以说是更符合猫的性格。它们有一定距离感，偶尔撒娇。也有很多人欣赏母猫这样的性格。当然，也有像公猫的母猫，更有像母猫的公猫。仔细考量自己的爱猫属于哪种性格，也是一种乐趣！

富田园子

# 这种时候该怎么办？
## 养猫常见的问题

Handling the Unexpected

# 想出门旅行的时候

When you want to go traveling

养了猫就没办法出门旅行？当然不是。除非有需要时刻照料的小猫，
否则我们完全可以做一些自己想做的事。

## 找一位临时托管人

我们可以委托宠物寄养或者经常就诊的宠物医院帮忙照看。不过，与其将猫咪放在它们不熟悉的地方，不如找个人来家里照料。当然，如果有亲戚、朋友能过来最好不过，但他们或许也没有时间。我们推荐您找一位值得信赖的宠物临时托管人。有养猫经验的托管人不仅熟知怎样与猫相处，还能注意到它们是否生病等情况。我们也可以让托管人每天都给自己发送有关猫咪状态的信息、照片。

在选择宠物托管人时，可以提前与他们见面，判断他们是否值得信任。建立信赖关系之后，我们要告诉托管人猫的喂食方法、猫厕清扫方法、常去宠物医院的联系方式、旅行途中自己的联系方式等。猫咪病情紧急时，托管人可与猫主人取得联系后，将它带去医院就诊。（此时，可能产生除医疗费以外的其他费用。）

如果只是出去住一晚，准备好较多的干性猫粮、足量的饮用水、干净的猫砂盆，利用空调设置适宜的温度，只留猫咪自己在家看守也是可以的。不过，如果养了好几只猫，我们没办法保证每只猫都能吃到适量的猫粮，还是找一个托管人更好！夏天，我们

还要考虑空调是否会因为停电或故障而停止工作。

猫咪身体状况欠佳或者年龄太小时，我们有必要放弃旅行计划。出差等无法避免的情况下，可以委托宠物医院照顾。

选择一个有养猫经验的托管人，我们可以事先与他们接触。胆小的猫咪会藏起来，但托管次数多了，它们也会慢慢放松。

# 家里来客人的时候

When you have a guest

家里来了客人，如果能和猫咪一起度过一段温馨的时光，
那可真是开心。但是，有些猫会因为胆小而不敢现身。

## 不要强拽出害怕的猫咪

想要给客人展示自己的猫咪，就将藏着的它们强硬地拖拽出来，这是不行的！猫咪会认为自己遭到背叛，进而影响双方信任关系。想让胆小的猫咪现身，我们可以采取和 P45 一样的方法。请客人装作对猫咪不感兴趣的样子吧！同时，避免目不转睛地盯着它，说话尽量小声。

猫咪出现时，请客人伸出手指与它打招呼，或者喂它零食，这样或许能在两者之间建立友谊。我们也可以事先要来带有客人气味的手帕等物品，提前让猫咪嗅一嗅。等到实际见面时，猫咪就会记得这个气味，也就能放下戒备心了。有些猫害怕门铃声，我们可以告诉客人到达时打电话通知，而不要直接按门铃。

对于主人是女性，而且从未见过男性的猫咪，它们不仅害怕男性，还会惧怕老年人或者小孩。因为小孩子大多会将它们当作玩具来玩弄，有些猫还为此产生了精神创伤。一些猫咪直至客人离开都没有现身，这也没有办法。这种情况下，我们还是在别的房间准备好猫厕和水，给它们创造一个轻松的环境吧！

领地意识很强的猫咪会在客人所持物品上撒尿、磨爪等，用以做标记。将客人的鞋子和包包放进橱柜等地方藏起来比较好！

## 注意宠物异味、脱毛等问题

对于朝夕相处的猫主人来说，会逐渐忽略宠物所散发出的异味问题。因此，我们要注意避免给客人带来不好的感受，尤其要将猫砂盆打扫干净。想要去除猫砂盆臭味时，如果使用强力除臭剂等彻底去除其气味，可能会使猫咪放弃使用该猫砂盆。我们还是用小苏打等效果温和的宠物专用除臭剂或者空气净化器吧！

无论我们多么努力地打扫房间，猫咪脱落的毛发还是会粘到客人衣服等地方。更别说客人拥抱它了。准备好去除猫毛的粘毛器吧！

有的猫比较胆小，有人来一定会藏起来。不过，随着年龄增长，它们也可能会变得好客。

89

# 猫不听话的时候

When your cat make mischief

有人说"我家的猫不管怎么训，它都不听话。"这只能说是因为我们没有正确理解猫咪这种生物。

## 猫没有捉弄人的想法

猫咪不会特意给人添堵。它们只是随着自己的好奇心行动。同时，它们不会因为遭到训斥就停止动作。猫在受到训斥时，只会想"怎么就生气了？"，或者"被找到了会惹主人生气，还是躲起来吧！"。因此，训斥猫咪是没有任何意义的。

想让它们停止某项动作时，应该遵循以下几点。第一，"物理性阻拦"。这一点极其简单，就是收起不想被猫破坏的东西、堵住不想让猫进入的地方。

第二，制作出能在猫行动之后，自动惊吓它们的装置。这一点很有效。例如，它们一爬上架子，放置于边缘

的空罐子就弹起掉落，发出巨大的声响。这种自动装置会使猫咪对该行为产生厌恶情绪。重要的是，它们不知道这是主人的所作所为。因为猫咪如果知道这是主人做的，它们会在主人不在的时候继续做出动作，但是用了这个方法就无须担心。一旦猫咪认为"爬上那个架子会产生巨大的声音，十分吓人，再也不过去了！"，之后就算我们不设置机关，它们也不会再往上爬了。

最后，对面前想要做些什么的猫咪，我们可以通过大声拍手、敲桌，或者高声叫喊的方式进行恐吓。就像前面所说的，它们不会因为遭到训斥就停止动作，但只要受到惊吓，它们就不会再做了。这时，注意不要呼喊猫咪的名字，因为这会使猫咪对名字产生不好的印象，使它们在平时被唤名字时也变得畏畏缩缩。同时，发现猫咪"搞破坏"的痕迹之后，再训斥它们是没用的，只会使猫咪不知为何惹人生气而产生混乱。

不要拍打猫或者踢猫，对它们进行体罚。这会使猫咪失去对主人的信任，甚至进行反击。

"不断打扰人类工作"时，它们也丝毫没有妨碍他人的想法。猫咪只是想玩耍而已。

## 不想被破坏的物品
## 我们只能将它收起来

对于那些不想被破坏的宝贵物件，我们只能将它放到猫触碰不到的地方。在家中腾出房间、仓库或者橱柜，将东西收进去，并防止猫咪进入吧！有些猫咪十分"能干"，它们能够打开机关，这种情况下别忘记上锁。至于那些放在桌子或架子上的小物件，猫会倾向于用前爪将它们拨落。这也是由于野生猫会本能地戳小动物，或者令它们掉下去，观察对方有何反应。

有些猫会啃咬衣服、毛巾等，想要吃掉它们。尽管理由尚不明晰，但有种说法表示这是由于猫体内缺乏纤维质，被毛织物的野兽气息刺激到了。此时，我们首先得将其收起来。如果它们执着于某一特定对象（例如毛衣等），我们可以在上面沾染猫咪讨厌的气息或者味道，试试用辣椒、芥末、醋等吧！将它们沾在物品上，猫也许就会产生厌恶情绪进而放弃啃食。此外，给猫换上富含纤维质的食物、喂食猫草也是很有效的。

## 不想让猫攀爬、进入的地方
## 制作一个有惊吓作用的装置吧

总有一些不想让猫咪上去的地方！比如橱柜、桌子、厨房的水槽等。我们不可能一直盯着它们，因此可以考虑考虑像 P.90 那样的装置。

首先，我们可以制作一个猫咪爬上去后会发出很大声响的装置。方法多种多样，最简单的就是在罐子内装几个硬币，将它放在攀爬地的边缘。这样，猫刚一飞扑上去，罐子就会掉落下来，哗啦啦地发出大的声响。这个方法的原理是：大的声响→猫咪受惊→不再攀爬。

我们也可以在猫咪攀爬的边缘贴好朝上的胶带，一上去就粘脚。这黏糊糊的触感、粘脚的胶带会令猫咪十分惊讶，它们也许就不会再攀爬了。

另外，我们可以提前摆满物品，不给猫留攀爬的空间。或者在那里沾上它们讨厌的柑橘类气味，使猫远离。同时，也有一些训练类商品，它们通过传感器来感知靠近的猫咪，发出声音或喷出液体用以警告。

当猫飞扑上去的时候，我们可以给它们的背后喷水，让它们感觉不适。但是，我们也不能一直在它们攀爬的地方进行监视，况且一旦猫咪注意到这是猫主人做的，就会对猫主人产生厌恶情绪。

至于不想让猫咪进入的地方，可以关上门或者设置围栏，通过此类物理方式阻拦是最好的。为防止猫拉开门把手，我们可以给门上锁，或者将门把手替换成朝上的类型。市面上也有能够避免猫咪打开的推拉门挡。

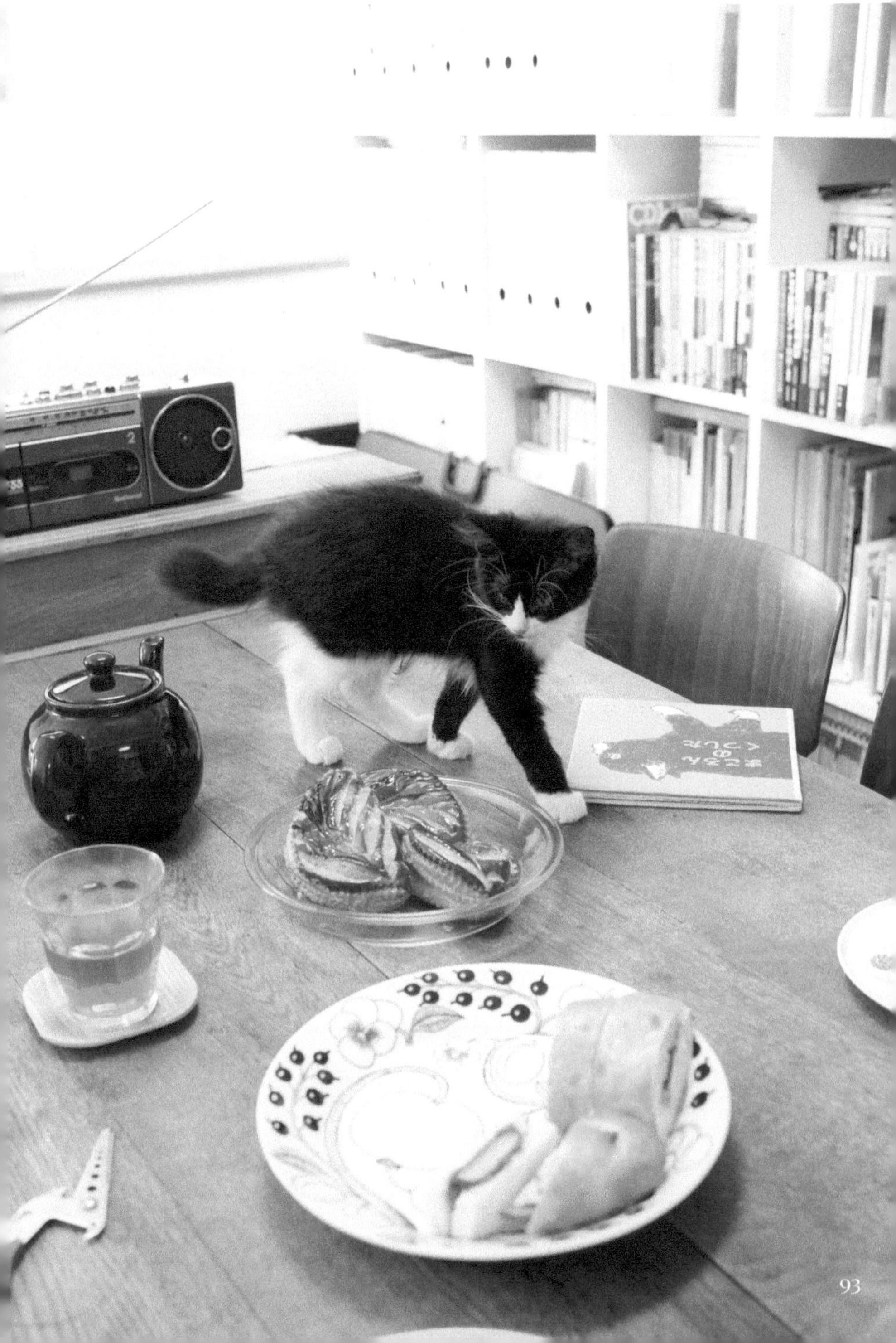

## 磨爪是猫的本能

　　磨爪这一行为本身就是猫的本能，我们没法阻止。因此，若是有一个适合磨爪的东西代替墙壁或家具，猫咪就会在那里磨爪。让我们来给爱猫找一款称心如意的猫抓板吧！

　　猫抓板有各种材质、大小、形状。例如，有瓦楞纸制的、麻绳制的、木制的。同样的猫抓板，是竖着装在墙壁上，还是横着放在地板上，也是有区别的。除此之外，还有像 P.39 的直立式、斜置式猫抓板。让我们根据猫咪偏爱的角度、材质来选择吧！想要找到中意的猫抓板，需得多多尝试。

　　我们可以将猫咪肉垫按在猫抓板上，让上面沾上猫咪自己的气味，或者在猫抓板上撒少量木天蓼（猕猴桃科蔓性落叶木本植物，茎、叶、果均为猫类爱吃的食物）粉末，来引起猫咪兴趣。同时，也可以在猫咪目前磨爪的墙壁或者家具上，安装猫抓板。

瓦楞纸制猫抓板比较便宜，但缺点是不易清扫猫磨爪后的碎屑。

## 防止猫在墙壁、家具上磨爪

猫的习性是在曾经磨过爪的地方，不断地进行磨爪。就算我们提供了猫抓板，只要不在曾经磨爪的墙壁或家具上设置保护措施，它们还是会继续"搞破坏"。

最好的方法是进行物理拦阻。将磨爪的墙壁、家具保护起来，或者在墙壁贴上光溜溜的贴纸，让猫咪想要磨爪也磨不了。此外，可以喷撒柑橘类等令猫厌恶的气体喷雾，让它们远离。像 P.92 提到的那样，在猫咪想要去的地方设置一去就会粘脚的胶带等装置，可以使猫咪因反感而远离。

只是，物理拦阻之外的方法，其效果存在个体差异。有些猫咪无论我们怎么做，它们还是会在墙壁或者家具上磨爪。而我们最终也只能放弃。

### 🐾 早晨被叫醒的时候

在寝室内使用遮光窗帘等，挡住早晨的阳光也十分有效。可以防止猫咪因白天而变得活力四射。

## 我们需要备好猫粮，学会忍耐

很多猫咪会一大早叫醒主人，要求喂食。如果可能的话，我们可以在前一天晚上睡觉前，尽可能晚地给它们喂食最后一餐猫粮或者奶。这样，猫的空腹时间就会向后推移。不过，我们必须计算卡路里，不要让其超标。如果只养了一只猫，我们也可以使用自动喂食器给它喂早饭。

为了叫醒主人，猫咪会想尽一切办法。比如嗷嗷地叫、用前爪戳、舔主人脸等。有些猫会从高处跳落，扑到主人身体上，或者将主人身边的东西弄掉。此时，猫主人倘若服输，按照猫咪的要求给予食物，它们就会记住这个方法，重复使用。为了不让猫咪沾染这种催人起床的恶习，我们有必要坚持忍耐它们的纠缠。不过万一遇到不愿意放弃的家伙，与其中途起来给它喂食，不如立马起床给予它们猫粮后再上床睡觉更加明智。

# 猫随地大小便

When your cat have an accident

猫咪在猫砂盆外排泄，并不意味着它们讨厌猫砂盆。
这可能是猫砂盆环境、猫的身体状况，甚至精神问题所致。

## 随地大小便的原因有很多

首先我们应该注意：不要斥责猫咪随地大小便。它们这样做大多是出于心理压力，斥责猫咪只会让猫咪压力增大，促使事态恶化。如若发现此类状况，让我们冷静地寻找原因吧！

首先，查看排泄物的种类。猫咪除了撒尿，会四脚直立向后"滋尿"。比起排泄物，这种喷射液更像是一种标记。标记性质从强到弱依次是喷射液→普通尿液→便便。因此，墙壁上的尿液痕迹很有可能是这种喷射液，大多是领地意识强烈、未进行绝育的雄猫所为。想要阻止此类"滋尿"现象，进行绝育是最有效的。因为绝育可以降低猫的地盘意识。

如果猫咪在猫砂盆之外排泄的不是喷射液，而是普通尿液或者便便，可能有以下几个原因。其中一个原因便是猫砂盆环境不好。猫会因为猫砂盆太脏、位置不合适、猫砂不合意而选择随地大小便。先来整顿一下厕所环境吧！

猫咪心理压力大、精神受创也是一个原因。养了多只猫的时候，一些猫会因为其他猫的存在而感到十分不安。为了打消不良情绪，它们选择到处撒尿，让四周沾染上自己的气味。此外，猫砂盆中偶尔发生的可怕事件，会使猫咪对厕所产生恐惧心理。这种情况下，我们可以考虑更换猫砂盆或者变更位置来加以改善。找找看最近是否有令猫咪不安的东西吧！猫咪绝育后还出现"滋尿"现象，可能是由于心理原因。

猫咪也有生病的可能。一些猫会因为泌尿系统疾病而无法很好地控制排泄，或是由于排泄疼痛而误认为"在猫砂盆上厕所就会痛"，因而导致在外排泄。判断它们是否患有潜在疾病，去咨询咨询兽医吧！

为改善"问题排泄"而制成的试剂"费利威"。通过在室内播撒与猫脸颊信息素相似的成分，可以令猫感到周围均是已标记过的状态，防止它们进行标记。它有喷雾以及扩散器两种类型。喷雾可改善 75%~97% 的猫咪的滋尿行为。数据显示，33%~96% 的猫咪，其滋尿现象能够完全得到控制。药物可在宠物医院获取。

有些猫会因为看到了窗外的流浪猫而感到领地危机，开始标记地盘。猫咪的内心出人意料的敏感！

有人说猫咪在鸭绒被里撒尿，是因为它们嗅到了鸟的气味，并对此做出了反应。

# 想多养几只猫的时候

When you want to have more cats

"想再养只猫！"，如果饲养的第一只猫很可爱，大家自然会这样想。只是，多养只猫也有风险。

## 可能无法融洽相处

从今以后开始养猫，并且考虑多养几只的朋友，最好将关系已经不错的兄弟姐妹猫一起带回家。这样我们就不必担心它们之间能否和睦相处了。

而已经养了一只猫，还想领养新猫的朋友，有必要考虑到它们之间无法友好相处的情况。对猫来说，闯入自己地盘的陌生猫是一种威胁。如果双方都不让步，它们就会大打出手。这不论对猫咪，还是主人都不好。

一些人没有考虑到这方面的情况，就将新猫带回家，却怎么都没办法让它们和睦相处。这时，就需要将它们分别饲养在不同的房间，甚至寻找其他的猫主人。因此，想养好几只猫时，有必要提前考虑到此类状况。

# 😺 猫咪融洽程度表

猫和猫之间的融洽程度受它们各自性格的影响。
大致情况如下：

| 已养猫＼新养猫 | 幼 猫 | 成 年 猫 |
| --- | --- | --- |
| 幼 猫 | 如果是戒备心较小的幼猫，大多能够像兄弟姐妹一样相安无事地生活。只是随着年龄增大，猫咪迎来发情期，它们的关系会因领地意识增强而破裂，或者由于公猫追着母猫绕圈圈，情感产生裂痕。感情不错的成年猫之间充满未知数，关系并没有那么稳定。 | 对于成年猫来说，幼猫是不具威胁的存在。它们大多会像亲人般照料小猫，关系融洽。幼猫长大后，先前的母猫还会将它们当做孩子，真是不可思议。需要注意的是猫主人容易将注意力转移到新来的小猫身上，但其实优先关注之前的猫十分重要。 |
| 成 年 猫 | 已养的猫是幼猫，新成员是成年猫，这种情况很少见。戒备心较弱的幼猫能够安然地接受成年猫。然而，让戒备心较强的成年猫熟悉家中环境却是一个大问题。为此我们需要使用一些技巧，花费部分时间。在猫咪适应之前暂时将它养在笼子里吧！（可参考 P.31、P.40） | 成年猫之间戒备心很强，我们须多加注意。先来看看新成员与其他猫相处得如何吧！我们可以将它暂时饲养于笼子之内。尤其是未绝育的公猫，它们会将彼此视为对手，因而很有必要进行绝育手术。 |

| 已养猫＼新养猫 | 公 猫 | 母 猫 |
| --- | --- | --- |
| 公 猫 | 未进行绝育的成年公猫有很大几率会将彼此视为竞争对手。因此养了多只猫时，必须进行绝育手术。如果它们是两只幼猫，那暂时还没有问题。如果其中一只是幼猫，一只是成年猫，只要给成年猫进行绝育，就可以减少两者冲突。绝育后的公猫可能会像兄弟一般前呼后拥、关系亲密。 | 一般来说，公猫最喜欢母猫，因此它们极可能关系不错。只是如果不进行绝育手术，两只猫就可能会诞下小猫。不想要小猫的朋友一定要给它们进行绝育！如果只有一方进行了绝育，虽然不至于诞下小猫，但公猫可能会追着母猫打转转，进而导致猫咪间关系破裂。所以还是给双方都进行绝育手术吧！ |
| 母 猫 | 与右上相同。 | 母猫不比公猫，地盘意识没有那么强。因此就算不经常黏在一起，也会是互不干涉的状态。大多数情况下，多养几只都是没有问题的。只是，它们之间经常会发生诸如其他猫一靠近就发出威胁的小争执。育儿的母猫大多比较强势。 |

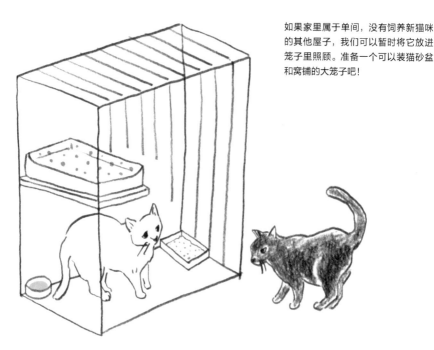

如果家里属于单间，没有饲养新猫咪的其他屋子，我们可以暂时将它放进笼子里照顾。准备一个可以装猫砂盆和窝铺的大笼子吧！

## 慎重对待已养猫与新养猫的碰面

正如前面提到的，陌生猫的出现对猫来说是一种威胁。因此，突然的碰面对它们来说冲击过大。如果猫扭打起来，我们就没办法一起饲养。还是先不要让它们碰面吧！我们可以将新来的猫咪暂时饲养在别的房间。只是就算分房间饲养，猫咪也会因为气味或者叫声，感应到其他猫的存在。这时，交换附有彼此气味的毛巾等，让它们互相确认吧。这是气味的相见。

接下来，将新养猫装进笼子或航空箱之中，让它与其他猫咪碰面。倘若猫咪之间出现互相威胁、攻击，或者畏缩躲藏等情况，那就将正式碰面时间推后，再次分开饲养一段时间。如果它们互相嗅闻彼此气味，气氛和谐，那就打开盖子让它们看看对方吧。

突然让小猫碰面大多没有问题。但是，我们还应谨慎对待。互相确认气味、隔着门窗见面等，一步一步来吧。

## 无论如何都无法和睦相处时

尽管猫咪无法融洽地相处，但若是互不干涉、偶尔小打小闹那也还好。有人会将它们之间极个别的打闹误认为是在打架，但是，只要没有到受伤的地步，这都说明它们关系不错。

猫咪间不断威胁、产生激烈争执甚至受伤的情况十分罕见。让它们的关系趋向缓和，我们需要掌握专门的技巧。此时，可以将它们分别饲养在不同的房间，直至猫咪互相忘记彼此后，再使其相见。我们也可以让它们隔着笼子一起进食，为彼此留下一个好的印象。只是，搞清楚"选择何种时机"，需要专业性知识。有必要向专门研究猫咪问题行为的专家咨询后，再来实际操作。

猫咪极少情况下会由于微不足道的事情而使本来不错的关系产生裂痕。也有由于只带了一只猫去宠物医院后沾染上了其他气味，或者它们在相处过程中发出了大声响，而导致互相嫌弃的情况。试着在专家的指导下修复它们的关系吧！

# 搬家的时候

搬家时，猫咪会有逃脱的风险。
让猫咪熟悉新家，我们要尽可能地减轻它们的压力。

## 避免猫咪逃脱

搬家时，门窗大开，猫咪有可能会跑掉。就算猫主人一直小心翼翼，也可能因为搬家公司的工作人员的一时疏忽而让它们逃走。条件允许的情况下，我们可以在搬家当天将猫咪送去寄养或者医院进行代管。

没办法代管时，我们可以将它们装进笼子、猫包，或者关进浴室里，并在门口贴上便签——"内部有猫，请不要打开"。此时，我们需要将浴缸内的水放干净，收好肥皂等所有物品，创造一个安全的环境。记得在里面放入饮用水、猫粮、窝铺等。

搬走时，将猫咪装进猫包或者笼子内。养了好几只猫的情况下，最好不要把它们放进不同的猫包，而是全部装进一个大的笼子里。如果将猫咪分开，它们可能会在新家见面时将彼

此错认为陌生的猫咪，进而失和。

## 早日让猫融入新家

　　日本有一句俗语叫"借来的猫"，指一反常态，特别老实的样子。这说的是猫在陌生的环境里，会充满不安。为了让猫咪认识到新家就是它们的地盘，我们必须从头开始，让它们确认气味等。因此，在一段时间内猫咪都会很惶恐，这也没有办法。如果房内有它们至今都在使用的窝铺、猫砂盆、猫爬架等，猫咪会稍微安心一些。此前房内其他家具上也会留有它们的气息，尽量使用这些家具吧！

　　胆子十分小的猫咪，会钻进沙发或者床铺下面不出来。如果它们只是钻进去了半天左右，那还没有什么关系。但倘若超过一天，我们就要操心猫咪在饮食和上厕所方面的问题了。大家可以像P.40那样先为猫咪开放一个房间，堵住屋内狭小的缝隙！也可以将猫咪暂时养在之前的笼子内，等到它们适应后再打开笼门，等猫咪自己出来。为此，我们有必要让猫咪在以前的家里熟悉猫笼。

# 猫逃跑出去的时候

When your cat go outside

猫咪会出于好奇跑到室外，但在室内生活的它们会不知所措，
甚至迷失方向。我们还是早点出去寻找吧！

## 仔细搜索家的周围

首先，在自家附近来一次地毯式搜索吧！特别是首次离家出走的猫咪，它们不明白情况，大多不会走得太远，而是一直躲藏在家的周围。猫咪大多钻进人们意想不到的狭小缝隙之中。让我们一边走，一边仔细搜索建筑物的空隙、草木繁茂地等处吧！

搜索会涉及邻居家附近，如果不向他们打招呼可能会惊扰人家。请事先告知附近邻居寻找猫咪的事情，我们可以制作 P.106 的传单，将它递交给邻居，拜托他们查看自家庭院或者内部是否有猫的踪迹。无法亲手交给邻居时，可以将传单放进他们家的邮箱里。

倘若在家的附近找不到，我们就得慢慢扩大搜索范围。此时不要胡乱寻找，准备好一张详细的地图，确认已经搜索过的地方。照顾流浪猫的人对猫咪信息十分敏感，给他们送传单时仔细问问吧！

有时，尽管我们找到了猫咪，但是它十分害怕，怎么也不出来。这时，我们可以带上猫咪喜欢的零食或者木天蓼。怎么都抓不住猫咪时，我们还可使用捕猫器（参考 P.31）。

## 有必要联络公共机构

被他人捡到的猫咪，可能会被送往救助机构。所以请大家去救助机构询问。

捡到走失猫的人会在网站上登载相关信息。去看看有没有自家猫咪吧！我们也可以在网站发布自己的寻猫信息。

猫咪上到高处却没办法下来，而我们仅凭自己的力量无法帮助它脱困。这时，有必要借助消防车的力量。如果没有灾害，消防车尚未被使用，警方会帮助我们解围！

### 雇佣宠物侦探

　　没有外出搜寻的时间、猫咪不是从家里跑掉而是在外出地点……
这些情况下，我们可以委托宠物侦探来寻找。只是，有些黑心侦探
仅仅装作寻找的样子，便要求委托人付钱。我们必须得仔细分辨！
不要雇佣拒绝一起寻找，或者交谈时对猫咪习性不熟悉的从业者。
与之相比，带着捕猫器、高性能双筒望远镜、红外线相机等专业器
材的侦探更加靠谱！

# 🐾 "寻猫启事"的制作方法

見つかり次第はがします
探しています

チャイ／メス／3才 〇〇区△△町で
いなくなりました

情報いただけで保護した場合
お礼差し上げます
渡辺 080-〇〇〇〇-△△△△

标明"请宠主
在找到猫之
前贴在这儿"

顺利找到猫咪之后，一定要揭掉！

能太能看清猫
耳、身体、尾
巴的照片

花纹相似的猫咪有很多，尾巴便成了重要的辨别点。放上能够看清猫尾长度，以及是否弯曲的照片。只有一张照片看不清楚时，放上拍有尾巴的第二张照片。

"答谢礼"
引人注目

对于有谢礼的传单，人们的关注度更高。但请避免写"重金"字样。有些居心不良的人会借着"帮忙寻找"的名义索要钱财。

加粗电话号码

## 借助他人力量搜寻猫

仅靠自己一个人的力量是有限的。制作寻猫启事，让更多的人帮忙寻找吧！只是，想要做出传单，我们必须留有猫咪的日常照片。猫咪项圈也是线索之一，将它拍下来吧！最好不要标明猫咪走丢的日期。如果日期过久，人们的关注度就会降低。

不要用黑白传单。传单不是彩色，大家看不清猫咪的花纹等特征；传单内容晦涩难懂、不美观，不能引人注目。我们也可以委托专业人士来制作。

除向附近的人分发传单之外，也在自家的院墙、经过允许的地区公示栏等处贴上寻猫启事。不要随便贴在电线杆等处。

如果得到附近宠物医院同意，也在那儿贴上传单吧。这是喜爱动物人士的聚集地，消息灵通。

## 经历长时间搜寻后找到猫

寻找走失猫咪时，尽早开始十分重要。但也有人用了一年以上时间才最终找回爱宠。因此，我们没有必要因为时间流逝，就丧失希望。虽然会花费一些钱财，但我们可以在地区新闻报纸中附上寻猫启事传单，或者将寻猫启事刊登在地区免费报纸上。这一做法的优点是，可以吸引不使用网络看新闻的老年人注意。

顺利找到猫咪后，要带它去宠物医院进行健康检查！由于它与流浪猫接触，可能会患传染病，进行病毒检查（可参考 P.126）十分重要。此外，我们需要为它驱除跳蚤、蜱螨等寄生虫，营养不良时还要打点滴。

### 猫咪身份牌是救命牌

万一猫咪逃脱了怎么办？我们要给它戴上项圈和身份牌，否则其他人就无法得知它是否为家养猫，就算被谁捡到也没法送还至原主人身边。

如果猫咪体内植入了微型电子芯片，就不用担心它像项圈那样掉落。被救助机构收养时，也可通过读取微型芯片中的信息，将它送还至猫主人身边。

微型电子芯片可以在宠物医院委托医生来安装。芯片直径 2mm、长约 1cm，可以随着注射植入猫脑后方的皮下脂肪之中，过程几乎没有痛感。不过，猫咪是否装有微型电子芯片在外观上是看不出来的，我们最好将项圈和身份牌都戴在它身上。

# 遇到灾害的时候

When you are affected by a disaster

作为地震大国的日本，不知道什么时候就会遭遇灾害。
人类在自己防灾的同时也要为猫咪想好对策。

## 考虑家中的安全对策

发生灾害的时候，猫主人不一定在家。因此，为了让家中的猫咪能够尽可能安全地度过，室内安全对策十分重要。避免家具倒塌而用顶棍撑住，防止装有食器的橱柜打开……要做好基本的应对措施。制作一旦发生危险，猫咪能够避难的地方（橱柜的一角或者笼子等）。这样也便于我们寻找躲藏起来的猫咪。

遭遇灾害时，倘若没有火灾等二次灾害的危险，最好和猫咪一起在家里避难。期间，我们可以从避难所获取必要物资和信息。

## 同猫一起避难

必须避难时，将猫咪也一起带走。如果将它留在原地而自己离开，一旦这里被划定为禁止入内的区域，我们就不能再回来，只丢下猫咪一个了。将它装入猫包中带走吧！养了好几只猫的朋友，平常就要考虑，怎样才能将所有猫咪带走？

由于地震家具倒塌，我们可能不知道猫咪藏在了哪里。倘若一时间找不到，我们有必要先不管猫咪前去避难。猫主人不能得救，猫咪也就无法得救。那时，我们可以将家中的猫粮整袋拆开、准备好大量饮用水。

实际上，在避难所中带着宠物生活有很多麻烦的地方。我们能和它们在同一场所的情况很少，大多是在避难所内的宠物专用区进行照料。有的人为了和宠物一起生活，会在自家车或者帐篷中避难。大家也可以考虑在安稳下来之前，拜托远方的朋友、或者由动物救援本部设立的动物避难所来照顾。

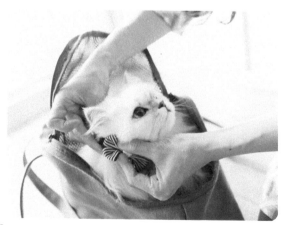

# 需要为爱猫准备的物品

非常时期，宠物物资很难获取。
平时的准备会在关键时刻派上用场。

## 🐾 猫粮

最少备好 7 日份的猫粮。作为救援物资的食疗猫粮需要一定的送达时间，因此最好准备 1 个月的量。平日里尽可能多地储存猫粮，并养成习惯吧！尤其是在非常态状况下，大多数猫咪不会进食与平时不同的猫粮。紧急时期，轻便且高卡路里的干性猫粮最为合适。对于只吃湿性猫粮的猫咪，我们可以在干性猫粮上铺一层湿性猫粮，慢慢训练它们吃干性猫粮。

## 🐾 针对老毛病的药物

紧急时期，常去就诊的宠物医院也会遭遇灾害。那时，药物购买会十分困难，我们最好提前做尽可能多的准备。同时，为了在购买时更方便，我们可以将药物的种类记在本子上，也可以在手机内保存好照片。

## 🐾 猫包

避难时的必备物品。如果有牵引绳或者清洗网就更好了。大小如猫房的包，在避难所也能派上用场。双肩背囊式包则更容易携带。

## 🐾 猫的照片和健康记录

将猫咪委托给避难所照料时，必须要有猫的病例和用药记录。此外，疫苗接种记录、病毒检查结果表也很有用。发生灾害，猫咪行踪不明时，必须要有照片才能寻找。除了准备复印的资料，也用电话或者智能手机给它拍个视频吧。

## 其他便利物品

- 猫笼
- 宠物窝铺、猫砂
- 寻猫启事

猫笼很方便但是占地方，我们可以灾后再去取。猫厕可用瓦楞纸和公园的沙子代替，也可以提前准备好寻猫传单。

**将猫用物资和人类物资一起装进紧急袋中，也可以将它放进容易拿到的自家车行李箱或者室外仓库里。**

# 猫的过去与未来

"这是同一只猫？"我们许会惊叹猫咪外貌发生了惊人的改变。
但享受这种变化，也是猫主人的乐趣。

小时候

长大后

可以捧在手掌的幼猫，竟然长成了一只双手也抓不住的巨型猫咪！什么情况，明明一切都很正常啊！幼猫时期过得真快，只用了1年的时间就长大了。（大桥家的公猫"Happy"）

长毛猫在夏日修剪后似乎变成了别的猫（笑）……猫主人道："终于见到了这孩子的真实样子，还发现了它满身的肌肉！"。看来能体验到与长毛时候完全不一样的触感呢。（Hatimama家的猫咪"Ame"）

小时候

长大后

哇！

**流浪时**

**有家后**

捡到了一只流浪小猫，治好病之后竟变得如此美丽！越脏的流浪猫，清洗之后越能展现出意想不到的美丽。就像是灰姑娘一样！（桥本家的猫咪"Mikeko"）

幼猫时期蓝色的眼睛，长大之后竟变成了黄色。实际上在幼猫时期，每只猫都有被称为"蓝膜"的蓝色眼眸。只是它们长大之后，色素沉淀下来，变成了猫咪本来的颜色。（富田家的猫咪"Tyaaboo"）

**小时候**

**长大后**

**小时候**

**长大后**

你知道为何这两只猫咪的毛色都要比起幼猫时期深吗？实际上，像暹罗这类拥有"特定毛色"的猫咪，它们的特点就是体温越低、毛色越深。幼猫时期，它们的体温高，因而全身呈浅色。（Nyari家的公猫"Ryoo"和"Syun"）

# 饲养患病猫咪这件事

这是我大学毕业后，在东京都内一家猫科医院工作时的故事。参加工作大约过了半年，出现了一只无人领养的猫。这只猫的性格十分友善，也很漂亮，但是感染上了猫白血病。猫白血病是非常可怕的传染病，一旦感染，基本上不能治愈，猫的平均寿命也会变成3年左右。同时，病毒会通过唾液传染给其他猫咪，因此已经养了猫的朋友就算想要领养，也不能去饲养。当时，我一个人居住，并没有养其他猫咪，于是将它带回了家。我给它起名叫"寿（Kotobuki）"，平时叫它"Koto"。

小"Koto"1岁半左右前还在家里跑来跑去，眼看就要两岁时，贫血症还是发作，就这样去世了。虽然这是很短的一生，但是它陪我度过了那段尚未熟悉工作、痛苦不堪的日子，给予了我精神力量。我与"Koto"的回忆，与之前养过的猫咪们一样丰富。

饲养患病猫咪虽然麻烦，但我觉得能学到很多东西。虽然相处时间很短，但每每想到小"Koto"开心玩耍的样子，我的内心都充满了幸福。除了小"Koto"之外，还有很多患病仍等待领养的猫咪。第一次养猫就是只生病的猫咪，这也许十分辛苦。但我希望你能知道，还有领养患病猫咪这一选择。

富田园子

第四章

# 守护猫的健康
## Protect the Health of a Cat

# 平日里的健康检查
## Daily health check

主人必须关注自家猫咪的身体状况。
让我来告诉大家一些需要注意的地方，尽早发现猫咪的异常吧！

### 发现猫咪身体异常

就算身体状况很差，动物也会本能地把异常隐藏起来，这是因为它们自曝弱点容易招来敌人。因此，想要尽早发现猫的疾病或伤口，主人必须关注它们细微的变化。如果爱猫的样子与平日不同，那它的身体可能出了问题。有无食欲、排泄是否正常，都是身体状况的标志。

定期为猫进行全身检查。并尽可能养成每日为它梳毛、检查身体的习惯。发现猫咪身体长疙瘩、脱毛等异常情况，要前往宠物医院进行诊察。如果患有恶性肿瘤，必须在发病初期就切除。如果平时经常摸的猫咪讨厌起被人抚摸，可能是由于生病或者受伤，身体十分疼痛。

### 健康检查必备工具

　　准备好体重秤和体温计，方便给猫咪进行身体检查。定期给它们测体重，并进行记录。可以为猫咪制作一个"爱猫健康手账"，用以记录体重等各种数据。1个月内体重减少自身重量的5%以上，有可能是生病了！

　　疑似发烧时必须要用体温计测量。可以使用人类体温计，但出于卫生方面考虑，还是避免和人使用同一个吧！也可以在猫咪健康状态下测量体温，掌握它们的正常温度。

　　如果有摄影清晰的相机，我们可以拍下猫咪令人担心的举动、呕吐物、排泄物，或者录像后拿给兽医看。定期给猫拍全身照，也能帮助我们观察猫咪是胖了还是瘦了。

测量猫咪体重时，可以抱着它上体重秤，之后减去自己的体重得出结果。

## 🐾 家庭必备工具

伊丽莎白圈

防止猫咪受伤或手术后舔舐、挠抓伤口，促使伤口恶化。伊丽莎白圈十分方便。

猫用体温计

普通的体温计需要插入肛门进行测量。猫的平均体温为 38.5℃ ~39.2℃。如果是贴耳式宠物用体温计，在家里也可以轻松地测量。

# 对猫有害的食物与植物

Dangar food & foliage plant for cat

有很多食物、植物对人类无害，却对猫有害。
为避免给予它们危险的物品，我们需要了解相关知识。

## 吞下会危及生命的食物

猫和人类身体构造不同，很多成分都不能自己代谢。对猫有害的东西，比我们想象的多得多。其中有些食物哪怕猫咪只吃了一点点，也会危及生命。还有一些食物，尽管猫咪很喜欢吃，但长期食用会损伤身体。因此，猫主人必须掌握正确的知识，避免喂食不确定是否安全的食物。

对猫有害的植物高达 700 余种。一般来说，不要在家中放置观赏性植物与花卉，这样比较安全。猫咪想要吃植物时，可以喂些猫草。

\* 这里列举的有害食物、植物并非全部，请大家注意！

芦荟可有效缓解人类炎症、便秘情况。但猫咪吞下它会引起呕吐、腹泻。

# 危险的食物

## 巧克力

巧克力中所含的可可碱与咖啡因会使猫中毒、腹泻、呕吐,大量食用甚至会导致猝死。以可可豆为原料的可可类饮料也同样具有毒性。

## 葱类

含有损害红血球的成分,会引发猫咪贫血以及尿血。加热后毒性依旧,给猫喂食混有洋葱的汉堡等食物十分危险。

## 乌贼、章鱼、贝类等

含有大量能够分解维生素 B1 的硫胺素酶,会引起眩晕、运动障碍。虾、螃蟹也是一样。干鱿鱼会在猫咪胃里呈倍数膨胀,阻塞肠胃。

## 炸鸡

折断的鸡骨头有可能损伤猫的消化道。按照人类口味烹制的食物含盐分等过多,会给猫咪带来负担。一旦猫习惯吃调味重的食物,可能就不再吃猫粮了。

## 生鸡蛋

生蛋清中的成分会降低维生素 B 群活性,引起脱毛、皮肤炎症、结膜炎、发育不良等病症。不过,将蛋清加热后与蛋黄一起喂给猫咪是可以的。

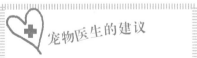

### 宠物医生的建议

很多猫都喜欢吃鲣鱼干、杂鱼干和烤紫菜。不过,这些食物当中饱含矿物营养素。而猫类必需的矿物质数量极少,摄入过多可能会引发尿结石。市面上也有销售减少了盐分的猫咪零食,但它们同样含有镁元素等矿物营养素。特别是有尿结石风险的猫咪,还是不要喂它吃这些食物。

★ P.139 尿石症

# 🐾 危险的植物

**百合科植物**

百合、郁金香、铃兰等百合科植物及其相近品种，对猫来说毒性强烈，甚至能够致死。猫咪只要吸入花粉，或者舔了插花用的水，就会出现病症。目前没有治愈方法，一定要注意。其他植物还有风信子、芦荟、吊兰等。

**绿萝、常春藤**

这些主流的观赏性植物对猫来说具有毒性，尤其是茎叶部分最为危险。会引起呕吐、腹泻、气管闭塞、痉挛等。

**一品红**

猫咪吞下该植物后会引起呕吐、腹泻、皮肤炎症等。

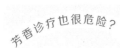

**芳香诊疗也很危险？**

精油当中浓缩了好几倍的植物成分。很多植物都对猫有害，因此使用了精油的芳香诊疗，从某种程度上来说比它们吞下植物还要危险。据报道，一些猫咪由于舔到或蹭到精油而死亡；还有猫咪每天生活在焚香的房间里，肝脏功能恶化。别说给猫使用精油了，在房间内焚香也是不可以的。

**仙客来**

花、叶、茎等部分均含有毒性，会引起呕吐、腹泻。樱草（报春花）也一样。

## 吞下有害食物时

　　一旦猫咪吞下有害的食物或者植物，请立即带它前往宠物医院。刚吞下不久，可以强制性催吐。当过了一定时间，特别是出现了右侧所示症状时，我们也必须尽早为其治疗。自己给猫催吐十分危险，请不要这样做。同时，接受诊察之前请不要给它们喂食。

　　诊察时，告诉兽医猫咪吃了什么东西及其进食量。如果有吃剩下的残留物，也可以带上。猫在家里吐了的时候，我们可以将呕吐物带给兽医，或者给兽医看拍摄的照片。将它呕吐的样子拍成影像，也有助于兽医进行诊断。

## 中毒的症状

🐾 不停地呕吐

🐾 恶心想吐

🐾 流口水

🐾 发抖、痉挛

🐾 萎靡不振

🐾 没有食欲

🐾 腹泻

🐾 血尿、血便

🐾 发烧

等

猫一旦养成吃人类食物的坏习惯，吞下有害物质的风险也会增加。

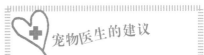
### ❤➕ 宠物医生的建议

　　人类药物、营养品当中也含有对猫有害的成分，因此不要随意给猫咪喂食。为避免误食，请不要将药品放在房间里。例如，有一种叫"α–硫辛酸"的营养品，它具有吸引猫类的香气。但猫咪吞下后会导致低血糖，死亡概率相当高。据报道，现实中会有很多猫咪撕破包装袋并吞下该营养品，进而丧命。为了避免不幸的结果，严格管理这些药品吧！

# 给猫找一个主治兽医

Find your best cat doctor

守护猫的身体健康，一位能够信任的主治兽医必不可少。
让我来告诉大家怎么选择好的宠物医院吧！

## 怎样的宠物医院值得信赖

选择可靠主治兽医的方法如右页所示。我们可以结合口碑等情况，实际拜访多家医院之后再决定。以简单的健康诊断、喂养咨询或者修剪指甲为由，可以了解该医院的总体状况。是否需要预约、候诊时间，以及医院开门时间等，各个医院各有不同。医院里有多位兽医时，每次诊察的人也可能不同。猫主人和兽医之间讲究缘分。我们要在综合判断之后，再决定选择哪个医院。医院的距离很重要，但如果只是因为离得近就选择该医院，紧急时刻也许会后悔。

我们需要确认兽医是否熟悉与猫相处，和猫相处时态度是否友善。

## 治疗费用也是判断依据之一

　　和人类医院不同，宠物医院全部属于"自费诊疗"。初复诊费、手术费自不必说，完全一样的处方药也会由于医院不同而费用不同。最便宜的和最昂贵的药物，甚至有 10 倍以上的差距。并不是说便宜就好，但宠物主人也不能经常去收费过于昂贵的医院吧！有些医院的网站上虽然标明了各项收费标准，但还是存在着很多不清楚的地方，因此事先打电话问一问比较好。咨询收费情况并不是什么羞耻的事情，好的医院会认真告知客人详情。决定好选择哪家医院后，我们必须结合相关费用状况，和兽医探讨选择何种治疗方法。尤其是宠物面临手术、重度治疗时，由于我们大多需要付出高额费用，有良心的兽医会考虑饲养者的经济状况而提供多个治疗选项。

　　加入宠物保险的朋友，也可以将医院是否设有申请宠物保险的窗口作为判断的依据之一。如果没有申请窗口，宠物主人必须集齐收据、诊断书等必备书面材料，过后再去申请保险金。

明细书示例。对账单有疑问时，可前往咨询清楚。

## 可靠主治兽医的条件

### 医院内干净、异味较少

　　卫生状况不好的医院，可能会因为其他的生病宠物产生"二次传染"。好的医院干净是第一位的，宠物异味也较少。

### 礼貌的接待

　　我们要注意诊察时间过短、兽医不用手触摸、充满商业气息的医院。真诚且氛围良好的医院，从电话接待上也能体现出来。

### 治疗方法与费用的解释简单易懂

　　好的医院会为首次饲养宠物的朋友进行详细说明，提供各种治疗方法。不顾客人感受，一味地使用专业术语，说明艰涩难懂是不行的。同时，好的医院还会出示治疗费用明细，计算条目清晰明了。

### 接受宠物饲养咨询

　　为了预防宠物生病，基本的照料如饮食、上厕所等很重要。咨询时提出各种建议的兽医更为可靠。

### 考虑到特殊时间的就诊

　　身体状况差的宠物可能会在夜间发生病情急变。经常就诊的医院会在特殊时间也提供服务，也会介绍相关的合作医院。

### 接受主人向其他兽医咨询意见

　　真正为宠物着想的兽医，应该不会拒绝向其他宠物医院征求"第二意见"。

# 怎样把猫带去宠物医院

How to take your cat to the veterinarian

大部分猫都讨厌去宠物医院。我来介绍一些尽可能
不为猫主人与猫增添压力、还能带它去医院的方法。

## 尽量不要使猫害怕

有的猫只要从猫包里出来，发现自己在宠物医院就会逃跑，我们要想捉住它也很费劲。针对此类猫咪，我们平时就得将猫包放置在房间里。可以用它作猫房，在内部给猫咪喂食，或者借助玩具让猫咪在里面玩耍，以此降低猫咪的戒备心。

去医院的时候，可以在猫包内装入一直都在使用的毛毯或者毛巾。由于上面有猫咪的气息，它们会比较安心。移动过程中，猫看到陌生的风景会很害怕。如果是能够看到外面的猫包，让我们用毛巾等将它盖上，避免它们看见外部！候诊室中也有其他猫咪，此时仍用毛巾将自家猫咪盖住。在这里打开猫包，猫咪可能会脱逃，不要这样做哦！

诊察室内，兽医首先会对猫主人进行询问，这期间还是将猫留在猫包内。获取兽医指示之前，请不要将它从猫包内放出来。

诊察及治疗期间，不要用情绪高昂的声音为猫咪打气，大喊"××，加油！"只会使猫咪愈加害怕，并不会兴奋。给它讲话时，要用平稳的语调，注意保持安静。从医院回家后，给猫咪一些美味的零食，作为"辛苦后的褒奖"。

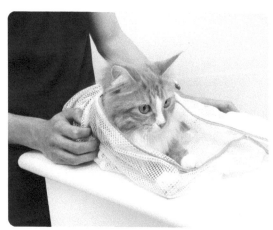

**将猫装入洗衣网内更安全**

受惊的猫咪要是在诊察室中逃脱或者跳上高处，就很麻烦了。可以将每次都暴走的猫咪装进洗衣网内，控制其行动后，再将它放进猫包里。如果只是要打针，将猫装在洗衣网内也可以进行注射。一些猫会由于被物体包裹而变得老实。只是，有些猫除了猫包外很讨厌网状物，我们要仔细分辨。

*我们能够看到图片中的猫咪的脑袋从洗衣网中露出来了，但实际情况下我们应该将整个猫都装进洗衣网内。

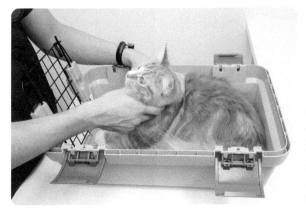

### 可以用顶部敞开的航空箱

布的猫包容易变形，很难将猫取出来。我们可以用塑料制的航空箱带它去医院。猫咪呕吐、排泄后也容易清扫。此外，箱子的顶部敞开，就算不将猫咪从中取出，也可进行简单的诊察和注射。

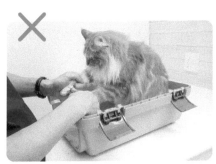

### 从航空箱取出猫的方法

有时猫咪十分胆小，由猫主人代替兽医将它从航空箱内取出比较好。此时，不可以抓住猫的前腿将它拽出来。因为这会引起猫的抵抗，增添困难。我们可以从下边托起猫的四条腿，像是将它浮在空中一般利落地将它抱出来。

### 固定猫咪身体的方法

固定猫咪是为方便诊治，将它们的身体按住。固定猫咪的方法有很多，用手拖住它们的肩胛骨是其中之一。它的诀窍是展开手掌，尽可能地增大接触面积。一些宠物医院可能需要猫主人来固定猫咪。掌握这一方法，在家中喂猫吃药时也能用到。

# 定期体检

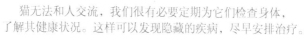

Let's have regular medical checkups for cat

猫无法和人交流，我们很有必要定期为它们检查身体，
了解其健康状况。这样可以发现隐藏的疾病，尽早安排治疗。

## 掌握猫的健康状况

正如前面提到的，动物就算身体状况很差，也会本能地将其隐藏起来。同时，犹如慢性肾脏病一样，一些疾病在患病初期的病症并不明显。但随着时间推移，宠物突然有一天会爆发出危及性命的病症。一般我们将这种疾病称为"无形的杀手"。想要发现这种潜藏性疾病，必须定期进行体检。一些宠物表面上看起来十分健康，但依然需要至少每年接受一次检查，了解其健康状况。收集健康时期的数据，可以与身体状况不好时期的数据进行对比，为治疗提供帮助。我们可以提前确定好日子，看是与疫苗接种同时进行，还是在猫咪生日当天进行。

★ P.139 慢性肾脏病

### 🐾 定期体检的频率

| 9岁以下 | 10岁以上 |
|---|---|
| 每年一次 | 半年一次 |

编写本书的宠物医院 Tokyo Cat Specialists 东京猫专科医院沿用 AAFP（美国家庭医师学会）的标准，将定期体检频率规定如下。由于我们需要更加关注老年猫的健康状况，所以它们的体检频率增高了。10岁以上的宠物，我们推荐您每隔半年轮流进行个别检查和全身检查。

## 向兽医咨询体检内容

虽说都是健康检查，但也包含各种项目。其中，触诊类身体检查是最基础的，其他还有血液、尿液、大便、X 射线、超声波检查等。血液检查中也有很多项目。接受检查越多，能够诊断出的疾病范围也就越广，更加令人放心，但与之相应，猫咪心理压力以及检查费用也会增加，并不现实。

我们推荐结合近些年的常见疾病，接受相关检查。例如，通过 X 射线检查幼猫是否患有先天性疾病；用超声波检查 7 岁左右的猫是否有肥厚性心肌病或者炎症性肠病；通过血液检查 10 岁以上的猫是否患有甲状腺机能亢进症，以及对它们的膝盖进行 X 射线检查，看是否患有关节炎等。每只猫的状况不同，所应接受的检查也各不相同，还是与经常就诊的兽医交谈后，再决定检查内容吧！可以结合诊疗费用与他们讨论。

- ★ P.138 心肌病
- ★ P.141 炎症性肠病
- ★ P.141 甲状腺机能亢进症

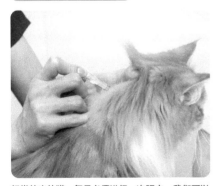

经常外出的猫，每月必须进行一次驱虫。我们可以在猫的颈后肩胛骨之间涂抹药物，为它驱虫。

## 主要的检查项目

### 身体检查

一切检查的基础。包含触诊、视诊、听诊、测量体重和体温。通过检查猫咪是否口臭也可以诊断出它是否患病。

### 血液检查

抽血检测。可以在医院进行检测获取结果，也可以在外面的检查机构进行测定，费用各不相同。

### 尿液、大便检查

通过显微镜检查尿液中是否含有细菌或结晶，或者用试纸检测尿液的pH。如果可以在家里采集尿液、大便，不带猫去医院也能够进行检查。

### X射线检查

通过 X 射线检查，能够看清身体内部，检查宠物内脏和骨骼状况，以及是否有尿道结石。

### 超声波检查

利用超声波的回波，将身体内部状况反映在显示器上。比起 X 射线检查，超声波检查能够更精准地看到内脏器官，即时观察心脏跳动情况。

血液检查单很宝贵，让我们把它装进文件夹里保存起来吧！在宠物转移至其他医院，或者病情紧急时却遇到经常就诊的医院关门的情况，这些检查单可以派上用场了。

# 病毒检查、驱虫以及接种疫苗
## Virus check & vaccin

猫类传染病当中，有些病症会危及它们的生命。
预防传染病，疫苗很有效。

### 流浪猫接种前需要接受病毒检查

疫苗就是向血液中注射少量传染病病毒，使身体产生对该传染病的免疫能力。提前催生免疫力虽然不是100%安全，但确实可以预防疾病。目前，我们有右侧所示6种疾病的疫苗。

接种疫苗之前，要先从流浪猫或者家养猫身上采血，进行病毒检查。病毒检查的规定血量只有0.3ml，幼猫也没有问题。流浪猫和家养猫可能同时患有猫白血病以及免疫缺陷（艾滋病）病毒。这种情况下，给它们注射疾病疫苗也没有意义。

相反，有的猫和病毒感染猫一起生活，必须为它们接种预防传染的疫苗。

### 应该注射哪种疫苗？

猫的疫苗如右侧所示分好几种。猫三联疫苗也叫"核心疫苗"，推荐所有的猫都进行接种。其中，猫杯状病毒和猫瘟热病毒具有强大的传染力，可以附在猫主人的鞋子或衣服上带进屋里，室内饲养猫咪也最好去接种。

猫五联疫苗在三联疫苗基础上，增添了能够预防猫衣原体感染病，以及猫白血病的病毒。猫白血病通过猫咪之间的亲密接触（打架、交配、相互顺毛、共用餐具等）传播。因此，一起饲养在室内的猫咪中，如果并没有感染病毒，只需要接种猫三联疫苗就足够了。对于外出自由、能和流浪猫接触的猫，则接种五联疫苗更令人放心。七联疫苗进一步增加到3种猫杯状病毒，是预防范围最广的疫苗。

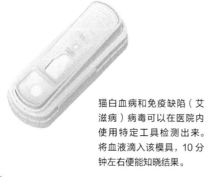

猫白血病和免疫缺陷（艾滋病）病毒可以在医院内使用特定工具检测出来。将血液滴入该模具，10分钟左右便能知晓结果。

# 🐾疫苗的种类

| 病名＼疫苗 | 三联疫苗 | 五联疫苗 | 七联疫苗 | 单个疫苗 |
|---|---|---|---|---|
| 猫病毒性鼻气管炎<br>（猫疱疹病毒感染症） | ○ | ○ | ○ | |
| 猫杯状病毒感染症 | ○ | ○ | ○○○ | |
| 猫泛白血球减少症<br>（猫瘟热） | ○ | ○ | ○ | |
| 猫衣原体感染症 | | ○ | ○ | |
| 猫白血病 | | ○ | ○ | |
| 猫免疫力缺陷病毒感染症<br>（猫艾滋病） | | | | ○ |

\* 七联疫苗能够对 3 种猫杯状病毒起到免疫效果。

\* 各疾病请参考 P.136~137。

　　也有单个接种的猫免疫缺陷病毒（艾滋病）疫苗。猫艾滋病有 A~F 六种类型。日本 B 型猫艾滋病较多，但猫艾滋病疫苗只有 A、D 型，并不能像其他疫苗一样满足大家的需求。考虑为感染几率很高的自由外出猫，以及与患病猫共同生活的猫来接种疫苗吧！

如果可以的话，最好将猫一直养在室内。对于习惯外出的猫，通过接种疫苗预防传染病！只是疫苗并非100% 有效。

## 疫苗的接种时间和次数

随着时间的推移，之前产生的免疫效果会逐渐减弱。因此，我们需要定期追加接种来维持其免疫力。

研究表明，三联疫苗的效果可持续三年以上，基本上每隔三年就要接种一次疫苗。然而，其中也有些猫的效果不足以维持三年，同样有人建议每隔一年进行一次接种。尽管疫苗接种的最终决定权在于猫主人，但监督编写本书的 Tokyo Cat Specialists 宠物医院主张：外出自由的猫咪、与患病猫共同生活的猫咪，以及经常住宠物宾馆的猫咪，它们多处于较危险的环境，建议每隔一年进行一次疫苗接种；完全饲养于室内且与其他猫没有接触的猫咪，建议每隔三年进行一次疫苗接种。

接种疫苗的情形。WSAVA（世界小动物兽医师协会）和 AAFP（美国家庭医生学会）推荐每隔三年进行一次疫苗接种。

## 了解疫苗的风险

虽然疫苗能够预防可怕的传染病，但医疗行为总是伴有风险，疫苗也有多种风险。

疫苗是将病毒送入体内，所以会产生发热等副作用。因此，在宠物身体不舒服的时候要避免进行接种。接种当天，猫主人尽量留在猫咪身边确认情况吧！

同时，疫苗接种也可能引起"过敏性休克"，尽管这样的情况很少见。"过敏性休克"是一种过敏反应，其症状是血压下降、呼吸困难，甚至导致死亡。在日本，猫的此类病情发生率仅有 0.009%。以防万一，接种疫苗后暂时将它们留在宠物医院里，这样更令人放心。疫苗接种后 0~30 分钟内病症便会表现出来，治疗时我们要争取每一分每一秒。

此外，疫苗注射部位有 0.01% 以下的概率长出肉瘤（癌）。除了疫苗，其他药物注射部位也可能会出现，我们将这种现象称为"注射位点肉瘤"。为了避免肉瘤长出，建议将疫苗注射在四肢之上。因为如果四肢出现肉瘤，我们就能够将其切除。以前一般是在肩胛骨之间进行接种，但倘若出现肉瘤，要在肩膀进行切除手术很困难，现在这种方法已经不被推荐。另外，也有意见认为疫苗应该接种到最容易切除的尾巴上。

# 🐾 打疫苗的部位

**✕ 肩胛骨之间**

以前会在肩胛骨之间进行接种，但这里如果长出肉瘤（癌）就会很难切除。现在推荐在猫的四肢上注射疫苗。

**△ 尾巴**

有人认为疫苗应该接种到最容易切除的尾巴上。但也有人认为，猫的尾巴敏感且痛感强烈，大多数猫咪都不会喜欢，操作起来并不现实。

**◎ 腿**

腿部即使出现肉瘤也可以进行切除，延长猫的寿命。为了进一步降低风险，每次将疫苗注射在不同腿上比较好。

虽然几率很小，但是疫苗注射确实伴有以上风险。希望在室内等低风险环境中饲养猫咪的朋友，可以将每年一次的疫苗注射减少为每三年一次。

接种疫苗的时候，请详细了解疫苗所伴随的风险后再做决定（知情同意）。针对不明白的地方进行提问，充分了解各疫苗优缺点很重要。

## ✚ 宠物医生的建议

小猫第一次打疫苗的时候，要每隔3～4周就进行一次接种。这是由于小猫从母猫初乳中获取了抗体。这一抗体能够暂时保护小猫不受感染，但其效果会渐渐降低直至消失。如此下去小猫便会丧失抵抗能力，因此我们需要使用疫苗来产生抗体。不过，如果小猫体内还残留着来自母猫的抗体，疫苗的效果就无法显现。抗体最早在出生后第9周，最晚在第15周消失。

# 关于绝育
## Knowledge of neutering

如果您不希望猫咪繁育后代，建议为它进行绝育手术。
来了解手术的优缺点吧！

## 绝育手术的优点

猫通过交配刺激排卵，它们的繁殖过程与人类不同。因此，交配后的猫咪怀孕几率很高。母猫一次可以产出大约四只小猫，营养充足的情况下每年发情 2～3 次。如果放任不管，小猫只会越来越多。

避免猫咪繁殖需要进行绝育手术，不过做手术还有其他好处。一是预防猫类性病。绝育可预防母猫的乳腺肿瘤、子宫积脓症及卵巢癌。虽然九成的乳腺肿瘤都属于恶性，容易转移和复发，但也有数据显示，没有接受绝育手术的猫咪，其患乳腺肿瘤的几率是完成手术猫咪的 7 倍。

二是防止由于性激素产生问题行为。猫在发情期会大声吼叫，通过撒尿（滋尿）频繁进行"标记"。同时，为寻求异性它们会计划逃脱，有些公猫为夺取母猫芳心甚至会与其他公猫大打出手。为避免此类问题行为，为人和猫创造一个安定又舒适的生活环境，绝育手术很有必要。同时，也可以降低猫咪由于在室外与流浪猫打架而患上传染病的风险。

★ P.136 传染病
★ P.143 乳腺肿瘤

## 认识手术风险

尽管如此，也有人认为手术很恐怖吧。其实，绝育手术本身并不复杂，最长也能在 30 分钟内结束，风险很低。全身麻醉伴有一定风险，和人类手术一样。不过，由于全身麻醉而死亡的猫咪极少，其概率仅有数千分之一。

最好是在猫咪出生后 4～6 个月进行手术，此时猫咪已具备承受手术的体力。

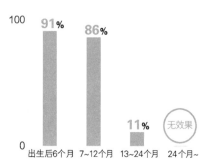

### 🐾 绝育手术的乳腺肿瘤预防效果

100

**91%** 出生后6个月
**86%** 7～12个月
**11%** 13～24个月
无效果 24个月～

0

在猫出生 12 个月前做绝育手术，预防乳腺肿瘤的效果最好。1 岁以后，猫已发情数次，预防效果也会随之降低。

正如左图所示，这是预防母猫乳腺肿瘤效果最好的时期。公猫一旦进入发情期，即便进行了手术，也不一定能改善"滋尿"等问题行为，因此最好在它首次发情前就进行手术。

喵~

### 宠物医生的建议

做了绝育手术后，猫所需的能量减少，像以前一样进食容易发胖。让我们借助手术后的专用猫粮来预防它们肥胖吧。即便摄入相同的量，也要尽量降低卡路里。此外，绝育后的公猫容易得尿结石。平时我们要注意观察厕所的情况，定期为猫进行尿检等。

# 喂药的方法

How to give cat's medicine

猫咪状态差的时候，我们大多需要在家里给它喂药。
来了解一些喂药方法吧！

## 熟练地喂药

首先要注意的是：不要擅自使用人类药品。人类用药当中，有很多成分会使猫咪中毒，所以一定要使用动物用药。宠物医院虽然也会开出含有人类用药的处方，但前提是知道药品对猫没有不良影响。不懂专业知识就给猫喂食人类用药十分危险。例如，人类头痛药中含有对乙酰胺基酚，该成分对猫有害，只需一粒就能导致猫咪死亡。

猫讨厌喂药。因而对猫主人来说，学会如何给它们喂药，以及怎样尽快结束喂药十分重要。必须喂药时，最好先向兽医请教清楚。针对反抗喂药的猫咪，我们可以两人一起行动，其中一个人负责固定住猫咪，这样会比较顺利。

药品类型可大致分为：药片、胶囊、药粉、药液。有些猫不喜欢吃药粉，但可以吃药片。倘若猫咪不好好吃药，我们可以和兽医商量变换药品类型。

|  | 优点 | 缺点 |
|---|---|---|
| 药片 | ·药量准确<br>·习惯后服药时间短 | ·认为猫已吞下，它却在之后吐了出来<br>·可能会被咬 |
| 胶囊 | ·药物苦味减淡 | ·会粘在口腔内，比药片更难喂食<br>·咬破胶囊后，药品苦味蔓延口腔 |
| 药粉 | ·加水溶解后喂食<br>·可混杂在食物中喂食，轻松方便 | ·容易被猫发现<br>·粉末洒落，药量不准 |
| 药液（糖浆） | ·便于调整药量<br>·糖浆本身带有味道，便于喂食 | ·药液滴落，药量不准 |

## 🐾 药片、胶囊

### ① 将猫头朝上

用非惯用手抓住猫头,使其脸部朝上。此时,握住猫的脸颊骨(眼睛正旁边)附近比较容易喂药。鼻子与手大致呈 75° 角。

### ② 将药送进嘴巴深处

用惯用手的大拇指和食指捏住药片,中指伸进猫的前牙部位撑开嘴巴。之后瞄准猫的舌头根部(下面照片中的红圈部分),丢进药片。

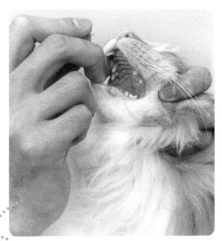

### ③ 喂水

闭上猫的嘴巴,面部朝上直到它吞入药片。猫的喉咙咕嘟咕嘟地活动就代表成功了。之后,用注射器喂些水,药片立马就会流进胃里。这样能够预防食道炎等疾病(喂水方法与 P.134 喂药液方法相同)。

* 药片可以打成粉末后喂食。但苦药做成粉末,猫很难吃得下去。关于药的味道,请向兽医咨询确认。

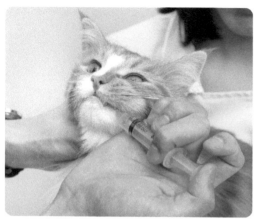

### 从犬齿后方灌入

　　用注射器吸取药液（或者是药粉溶解于水后的溶液），插入犬齿后部的缝隙（下图的红圈部分）中灌进去。全部伸进去可能会被猫咪误吞，大家需要注意。注射器的拿法如图所示。如果和普通注射器拿法一样，则不能很好地调整药量。

\* 药粉溶于约 0.5cc 的水中。水太多不仅喂食起来麻烦，还会增加误吞的可能。

## 🐾 眼药水

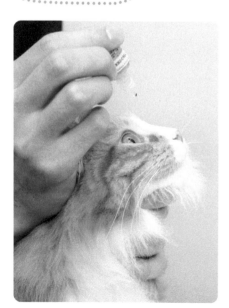

### 从猫的后方滴眼药水

　　正确的方法是从猫的视线死角后方拿出眼药水容器。拿着容器的手贴在猫头上，稍微往后一拉，它们的眼睛便会睁开。滴完眼药水后合上眼皮轻轻揉搓。若容器前端接触到猫的眼睛，可能会引发其他疾病，我们需要注意。

## 🐾 其他需要注意的地方

### 🐾 选择带有宠物喜爱风味的药品

有一些药带有猫咪喜欢的香味，例如牛肉味等。需要喂药的时候，请大家问问兽医有没有带香味的药吧。贪吃的猫会一口气吞下去。

### 🐾 混在糖浆、黄油、酸奶中喂食

如果猫咪喜欢吃这些食物，我们可以在里面掺杂药粉。将药粉涂抹在猫的鼻尖或嘴巴内部，它们会自己舔舐干净。但这种方法有一个缺点：猫咪会摄取过多的盐分、糖分或者脂肪。因此是否采取该方法，还是和经常就诊的兽医商量一下吧！

### 🐾 将药品混在猫喜欢的湿粮和鸡脯肉里

我们可以将药片直接混入食物中，或者在湿粮、鸡脯肉中加入药粉，来给猫喂食。但是，有些警戒心强的猫不仅不会吃，还会在下次喂食相同食物时怀疑"是不是又加了药"，连尝都不尝。因此，不要将药品混在猫的主食里，用那些平时不会使用的特殊食物比较好。

猫狗喂药时的辅助食品。糊状食物可以将药片、胶囊包裹起来，当作点心喂给猫吃。

### 食疗的更换方法

针对慢性肾脏病、尿结石等疾病，食疗已经成为主要治疗方法。因此，让猫吃食疗餐十分重要。一般来说，我们不能突然将食物全换成食疗餐，而是要一点点地增加。第一天是以9∶1的比例分配旧食物和食疗餐，第二天是以8∶2的比例……就这样逐渐过渡。如果猫不喜欢食疗餐，食物会有所剩余，但此时我们不能立马喂它吃别的食物。可以先撤下食疗餐，一段时间后再拿出来试试。可以将湿粮稍微加热一下。加热后的湿粮香味四溢，能够勾起猫咪食欲。也可以在干粮里少量添加食疗餐。大多数猫会在3～4周内更换至食疗餐，我们必须多坚持一些日子。如果猫咪一整天都不进食，就向经常就诊的兽医咨询一下吧。

★ P.139 慢性肾脏病／尿结石

# 猫最常见的几种病症

Common sick of cats

通过了解猫咪易患疾病知识，
可以预防相关病症，早日发现、早日治疗。

## 了解猫都有哪些疾病

猫有很多种疾病，这里介绍一些典型代表。其中，有些疾病与人类病名相同，也有些疾病属于猫类特有。通过了解疾病基础知识，猫主人能够保护猫咪的身体健康。不用说，知晓疾病原因后大家要努力预防。此外，如果掌握疾病症状，也能尽早发现病情。治疗时间晚就会耽误很多疾病。不要忘记能够守护猫咪健康的只有主人，来学习一些基础知识吧！

| 传染病 | 🐾 猫感冒 | 猫病毒性鼻气管炎 猫杯状病毒感染症 猫衣原体感染症 |
|---|---|---|

**🐾 猫免疫力缺陷病毒感染症（猫艾滋病）**

| | |
|---|---|
| 原因🐾 | 接触到患病猫的喷嚏、鼻涕中的病原体而被传染。即便传染后恢复了，病毒会存留之前的经历，潜伏在神经细胞内。一旦免疫力衰退，它们就会活化，重新表现出症状。 |
| 症状🐾 | 和人感冒的症状相同，如打喷嚏、流鼻涕、咳嗽、发烧等。猫衣原体病毒会引起结膜炎，猫杯状病毒会引起口腔炎、舌炎、流口水等症状。同时患上多种猫感冒，病情会更加严重。 |
| 预防与治疗🐾 | 可用疫苗预防。保温、保湿也可有效预防。即便是猫感冒，对小猫来说也是致命的，所以必须尽早治疗。发病时，通过服用抗生素药物或者注射干扰素等来治疗。 |

| | |
|---|---|
| 原因🐾 | 唾液、血液进入与患病猫打架、撕咬、抓挠的伤口之中进而感染。 |
| 症状🐾 | 可分为急性期、无症状期、发病期3个阶段。感染后的一个月左右，猫会出现发烧、腹泻等症状（急性期）。也有些猫的症状很轻，不易察觉。此后，大多数猫会维持表面健康的日子数月甚至数年（无症状期），了结一生。而一旦进入发病期，猫则会陷入免疫力缺失状态，衰弱至死。 |
| 预防与治疗🐾 | 不和患病猫接触就不会传染。通过接种疫苗也可以预防，但效果较弱。发病时并无有效的治疗方法，只能对症治疗，减轻猫咪的痛苦。为了不使患病猫感染其他疾病，需要在室内饲养，保持生活轻松无压力。通过血液检查可得知猫咪是否感染。 |

**传染病**

## 🐾 猫白血病

原因🐾 通过患病猫的血液、唾液传染。例如猫打架后留下伤口并梳理皮毛，共享餐具。此外，母猫一旦患病，通过母乳喂养也会传染给小猫。

症状🐾 可以分为两种。一种猫在发烧、淋巴结肿胀等初期症状痊愈后，病毒消失，完全恢复。另一种猫看起来精神饱满，然而病毒依旧潜伏在体内。发病时，会出现免疫缺失、贫血、淋巴瘤等症状，直至死亡。

预防与治疗🐾 接种疫苗、避免与患病猫的接触。发病时并无有效的治疗方法，只能对症治疗减轻猫咪痛苦。可以通过血液检查得知猫咪是否感染。

## 🐾 猫传染性腹膜炎

原因🐾 通过患病猫粪便中的猫冠状病毒传染。猫冠状病毒在干燥的环境下也能生存大约 7 周。即便不直接接触，也可通过附在饲主身上四处传播。感染猫冠状病毒的大部分猫并无症状或者症状很轻。不过，一旦它在猫的体内变异为 FIP 病毒（猫传染性腹膜炎病毒），病情则会急转直下。

症状🐾 发烧、呕吐、腹泻、体重减少等。病情严重的情况下，数日便会死亡。可分为胸腹腔积水的"湿型"，以及肾脏、淋巴结长出硬疙瘩的"干型"。

预防与治疗🐾 发病时并无有效的治疗方法，只能对症治疗。

## 🐾 猫泛白细胞减少症（猫瘟）

原因🐾 通过患病猫咪排泄物、唾液中的猫瘟病毒传染。该病毒十分顽强，可在外界生存一年以上。即使不直接接触，也能附在饲主身上四处传播。

症状🐾 急性肠炎引起剧烈腹泻及呕吐。尤其要注意小猫，大多数会死亡。

预防与治疗🐾 可以通过疫苗预防。发病时并无有效的治疗方法，只能对症治疗。至于患病猫咪，需要进行隔离，并使用盐素杀菌剂对它们触摸过的东西进行消毒，防止传染。

## 🐾 猫传染性贫血（猫血巴尔通氏体感染症）

原因🐾 通过寄生于红细胞的猫血巴尔通氏体致病因子传染。通常因与患病猫打架留下伤口，或者虱子、蜱螨来传播。也会在母子间传染。

症状🐾 红细胞被破坏，产生贫血。病情严重时会引发大量黄疸，呼吸频率加快。

预防与治疗🐾 避免和患病猫接触、驱除寄生虫。发病时通过注射抗生素、打点滴、输血来治疗。消毒及驱虫可预防感染。

饲养了多只猫的情况下，传染病也可能传染其他的猫。所以在猫咪痊愈之前，请在其他房间照料。

## 🐾 体外寄生虫症
（跳蚤、蜱螨）

原因🐾 室外生存的跳蚤、蜱螨寄生在了猫的皮肤和耳朵中。也有饲主将它们从室外带进家中的情况。

症状🐾 瘙痒、皮肤炎、脱毛、皮屑、疮痂等。病症常见于猫的脸、耳朵、尾巴根部。病情严重会引起贫血。也有不会引发瘙痒的蜱螨。人类也可能遭殃。

预防与治疗🐾 使用体外驱虫药。可以预想到寄生虫在室内蔓延的情形，因而要通过扫除、消毒来防止二次发作。拍打跳蚤会将它们的卵弄得四处都是，不要这样做。

## 🐾 过敏性皮肤炎

原因🐾 猫的过敏源多种多样。跳蚤、花粉、室内灰尘、真菌、特定食物都可能引起过敏现象。

症状🐾 皮肤十分瘙痒，出现疹子、皮屑。猫咪胡乱抓挠导致损伤和脱毛。如果有跳蚤，此时与一般时期的寄生虫症不同，即便数量很少也会引起全身严重的皮肤炎症。

预防与治疗🐾 清除特定的过敏源。食物过敏时要更换猫粮。可以使用抗炎药等缓解瘙痒。保持饲养环境的清洁，同时注意驱虫。

## 🐾 皮肤癣菌病（白癣）

原因🐾 真菌（霉菌）。因为与患病猫接触或环境中存在真菌被传染。也可能会因为主人的脚气而被传染。

症状🐾 脸、耳朵、四肢等处出现圆形脱毛块。可以看到皮屑、疮痂、发疹。轻微发痒。

预防与治疗🐾 通过内服、涂抹抗真菌的药物治疗。不过，完全治愈需要花费时间。室内要进行清扫和消毒，防止再次感染。

## 🐾 日光性皮炎

原因🐾 日光浴时，受强烈的紫外线过度照射。经常出现在黑色素少的白猫或有白色部分的猫身上。它是扁平上皮癌（P.143）的病因。

症状🐾 耳尖、鼻尖等毛发稀薄的部位出现脱毛、皮屑、瘙痒、疮痂。病情恶化会导致溃疡。

预防与治疗🐾 在玻璃窗上张贴防紫外线贴纸。使用消炎剂和抗生素来治疗。

## 🐾 心肌病

原因🐾 多数原因不明。也有因遗传和牛磺酸不足导致发病的情况。有很多类型，其中肥厚型心肌病最为常见，多于中老年阶段发病。

症状🐾 初期基本没有症状。病情加重后，会出现呼吸困难和昏迷症状。心脏内形成的血栓大多会堵塞在猫后脚的血管里，引起突然性麻痹、变冷。处理不及时会导致瘫痪。

预防与治疗🐾 无法根治，只能用药缓和病症。血栓越早处理效果越好。可以接受超声波检查等，需留心尽早发现病情。

泌尿系统疾病

## 🐾 膀胱炎

原因🐾 细菌入侵膀胱，形成尿结石、结晶损伤膀胱内部，引起炎症。看不见细菌和结晶的情况被称为"特发性膀胱炎"，一般是由于精神紧张所致。

症状🐾 尿血、尿频、排尿痛苦、猫在猫砂盆外排尿等。病情严重时，摸肚子也会感到疼痛。

预防与 用药抑制炎症和疼痛。如果病因
治疗🐾 在于尿结石，要进行相应的治疗。食疗也很有效。整顿猫砂盆环境，防止猫抑制自己排泄，同时让它们多喝水。

## 🐾 尿结石

原因🐾 膀胱尿液中的矿物质成分凝固，形成结晶或结石。尿道细的公猫、肥胖猫容易患病。

症状🐾 结晶、结石损伤膀胱和尿道，引发炎症。尿道堵塞，无法排尿的状态（尿道闭塞）会引起尿毒症，可能致命。

预防与 通过食疗溶解尿结石。大块尿结石
治疗 可能需要手术去除。尿道闭塞必须尽早处理。降低矿物质成分的饮食、大量地喂水、整顿猫砂盆环境以防猫咪抑制排泄等，均可预防尿结石。

## 🐾 慢性肾脏病

原因🐾 随着猫咪的年龄增长，肾脏功能逐渐丧失，有些老年猫会出现慢性肾脏病，它是猫的代表性死因之一。

症状🐾 在不知不觉中发病。当60%左右的肾功能丧失后，会出现多饮多尿的症状，尿的颜色和气味也会变得稀薄。之后，出现食欲不振、呕吐、腹泻等各种症状。肾功能几乎丧失后，会感染尿毒症直至死亡。

预防与 没有有效的治疗方法，只能通过输
治疗🐾 液等对症治疗，缓解猫咪痛苦。要尽早发现，尽量推迟发病时间。多让猫喝水，结合肾脏状况进行针对性喂食能够预防该病症。

## 🐾 急性肾功能损伤

原因🐾 由于尿结石引起的尿道阻塞、事故造成的尿道损伤使得猫咪无法排尿，或者因中毒或感染对肾脏造成损害，血液无法输送到肾脏，肾脏功能急剧下降。

症状🐾 尿量减少甚至完全排不出、呕吐、脱水等。感染尿毒症后会出现痉挛、体温下降、口臭（氨气味）等症状，短时间内就会丧命。

预防与 发病后要立马进行治疗，恢复的可
治疗 能性很大。也可以通过打点滴排出体内积存的有害物质，进行输血或者血液透析。如果病因在于尿道阻塞和损伤，可能需要进行手术。

猫本来就容易患上泌尿系统疾病，一定要小心！

让它喝很多水，减少吃富含矿物质的鲣鱼干、杂鱼干等食物。

## 🐾 体内寄生虫症

原因🐾 猫咪吞食了蛔虫或条虫卵，吃了已被寄生的跳蚤或老鼠，使得这些虫子寄生在了消化器官里。也有母子感染的情况。此外，通过蚊子叮咬，丝虫会入侵血管内部，寄生于肺动脉和心脏上。

症状🐾 体内有蛔虫或条虫时，表现为发育不良、腹泻、呕吐、腹痛。寄生数量少，大多没有症状。体内有丝虫的情况下，猫可能会由于免疫反应过度而突然死亡。

预防与治疗🐾 使用体内驱虫药驱除。患病猫的粪便中会排有蛔虫和条虫卵，因此要彻底清扫，防止感染扩大。

## 🐾 毛球症

原因🐾 由于猫咪梳理毛发时过多吞咽毛发，使得它们在胃中积存，无法排泄和吐出，逐渐变大后引起炎症。常见于换毛期的猫、长毛猫、老年猫。皮肤病导致猫咪过多舔舐毛发也是原因之一。

症状🐾 恶心、便秘等。毛球堵住胃的出口，会引起剧烈的腹痛和呕吐。

预防与治疗🐾 使用化毛膏，让它与粪便一同排出。梗阻的情况下，必须要进行手术。可以用刷子刷毛，减少猫咪吞咽毛发，预防毛球症。促进排出毛球的食物和营养辅助食品也很有效果。

## 🐾 肠闭塞

原因🐾 由于误食异物、罹患肿瘤造成肠管压迫、肠套叠等，导致肠内物体无法通过。

症状🐾 腹痛、呕吐、气体积蓄、腹部膨胀等。病情严重时，会导致脱水与腹膜炎症共同发作，直至死亡。

预防与治疗🐾 大多通过开腹手术来摘除异物及肿瘤。要将有误食危险的东西收起来。

## 🐾 巨结肠症

原因🐾 慢性便秘积聚起来的粪便，使得结肠变得巨大。由于肠管蠕动减弱，排便变得愈发困难。

症状🐾 想排便也排出不来、腹泻时粪便也很少、脱水等。

预防与治疗🐾 手伸进猫的肛门掏出粪便（摘便），使用灌肠和泻药促进排便。通过多吃食疗餐、多喝水可以预防该病。

## 🐾 脂肪肝（肝脏脂质沉积症）

原因🐾 由于过激的减肥、荷尔蒙异常，导致猫咪肝脏积聚太多脂肪，肝功能低下。常见于肥胖猫，绝食三天以上一定要注意。

症状🐾 食欲不振、腹泻、便秘、呕吐、脱水、黄疸等。病情加重时，会出现意识障碍与痉挛。

预防与治疗🐾 通过营养液和强制喂食进行营养补充。如果是由于糖尿病等其他疾病引起，要进行相应治疗。防止肥胖可以抵御这一疾病。

便秘使得肠子扩散，好可怕，喵……

**消化系统疾病**

## 🐾 炎症性肠病

原因 🐾 它是自身免疫力疾病之一。普遍认为与遗传、食物过敏、传染病等有关，大多病因不明。

症状 🐾 长期的食欲不振、呕吐、腹泻等，身体衰弱。经常被误诊为毛球症。可通过病理组织检查来判定。

预防与治疗 🐾 无法根治，只能通过食疗和消炎剂抑制病情。

## 🐾 胰腺炎

原因 🐾 由于交通事故带来的腹部冲击、传染病、胃肠炎影响等原因，致使胰腺器官发炎。常见于肥胖的老年猫。

症状 🐾 食欲不振、腹泻、脱水、呕吐、腹痛等。病情加重会导致死亡。

预防与治疗 🐾 在输液的同时，进行对症治疗。

**内分泌/外分泌疾病**

## 🐾 糖尿病

原因 🐾 胰脏分泌的胰岛素减少，糖分不能进入细胞内部。诱因是肥胖、神经紧张。肥胖猫的发病率比正常体重的猫大约高4倍。

症状 🐾 多饮多尿、日渐消瘦、走路方式异常等。随着病情的加重，出现体重减轻、食欲降低、呕吐、腹泻、意识障碍等症状，导致死亡。

预防与治疗 🐾 通过注射胰岛素、进行食疗来控制血糖值，治疗糖尿病。控制体重也可预防该疾病。

## 🐾 甲状腺功能亢进症

原因 🐾 促进新陈代谢的甲状腺荷尔蒙分泌过剩，给各内脏器官带来负担。病因不明。常见于10岁以上的老年猫。

症状 🐾 不安定、容易兴奋、多饮多尿、大量饮食却逐渐消瘦、毛发无光泽、呕吐、腹泻等。发现老年猫有此类症状，可通过血液检查来确诊。

预防与治疗 🐾 通过药物和食疗抑制荷尔蒙分泌、手术切除肿胀的甲状腺。若能较早接受治疗，后期恢复状况良好。

## 🐾 肛门腺炎

原因 🐾 肛门左右两侧的肛门腺中，分泌物积聚过多，引起炎症或破裂。

症状 🐾 肛门发臭、发烧、食欲不振等。可以看到猫在意肛门的举动。

预防与治疗 🐾 定期挤肛门腺，进行预防。治疗方法是使用消炎剂、清洗肛门腺内部并进行消毒。

很多病会出现多饮多尿的症状。发现尿液量和饮水量发生了变化，要前往医院检查！

## 🐾 角膜炎、结膜炎

原因🐾 覆盖眼黑的角膜、覆盖眼皮内侧和眼白部分的结膜发生炎症。由物理刺激或传染病等原因引起。

症状🐾 眼睛发痒、流泪、眼屎多、眼充血、眩光、眼皮紧绷睁不开、眼皮痉挛等，也会导致视力下降或者失明。

预防与治疗🐾 可通过接种疫苗和室内饲养来预防。可使用滴眼药或内服药治疗。为防止猫咪用爪子挠伤口引起恶化，可佩戴伊丽莎白圈。

## 🐾 青光眼

原因🐾 眼球内部液体（眼房水）难以排出，眼压变高。多是由于肿瘤、传染病，以及先天性异常。

症状🐾 眼睛发青、眩光、明亮处瞳孔张开、呕吐等。眼球增大会压迫到视觉神经与视网膜，导致失明、视力障碍。

预防与治疗🐾 服药降低眼压。通过手术比较容易排出液体，也有时需要摘除眼球。

## 🐾 中耳炎、外耳炎

原因🐾 由耳虱、传染病、异物侵入等原因引起。外耳炎、咽炎恶化会引起中耳炎。

症状🐾 耳垢变多，有恶臭等。可以经常看到猫咪摇头或者挠耳朵。影响猫的平衡感，走路摇晃。

预防与治疗🐾 清洗耳朵、用药物抑制炎症，也有需要手术的情况。在室内饲养或者使用驱虫药可以预防感染。

## 🐾 鼻炎、副鼻腔炎

原因🐾 由于传染病、过敏引起鼻腔或者副鼻腔发炎。

症状🐾 鼻涕多、发烧、呼吸困难、打喷嚏、猫咪因疼痛而讨厌被触摸等。因为闻不见气味，猫咪食欲降低，变得虚弱。

预防与治疗🐾 使用药物治疗。也可使用软管对鼻腔进行清洗。接种疫苗、室内饲养能够预防感染。

## 🐾 口腔炎

原因🐾 口腔黏膜发炎。分为两种，一种是由于传染病等引起的免疫低下导致，短期内可以治愈；另一种是慢性的"淋巴浆细胞性口腔炎"。后者发炎范围大，伴随着红肿、溃疡。

症状🐾 食欲不振、口臭、流口水、出血等。一些猫用前爪擦嘴，会把嘴巴弄脏。

预防与治疗🐾 如果了解了疾病原因，就可以针对该病因进行治疗。

## 🐾 牙周病

原因🐾 牙周病菌繁殖，引起牙龈炎症等。细菌会随着血液流动遍及全身，对各内脏器官带来不良影响。

症状🐾 口臭、口腔炎、出血、牙齿脱落等。猫因疼痛无法进食，逐渐消瘦。细菌会腐蚀猫下巴的骨头，钻开小孔，甚至到达鼻腔和眼窝，从鼻子和眼睛中化脓而出。

预防与治疗🐾 刷牙预防。治疗时，给猫麻醉后去除牙结石、拔牙。

**恶性肿瘤**

## 🐾 淋巴瘤

**原因🐾** 在猫的癌症中最为常见。淋巴组织、血液中的淋巴球发生癌变，会在肠和淋巴结处长出肿瘤，引起白血病。感染猫白血病病毒是其原因之一。

**症状🐾** 根据癌症部位不同，出现胸腔积液、咳嗽、呼吸困难、食欲和体重降低、呕吐、腹泻、腹膜炎、癫痫、发青发紫等病症。

**预防与治疗** 使用抗癌剂和放射疗法治疗。接种疫苗和室内饲养可以预防。如果发现猫咪体重减少、食欲不振，要前往医院检查。为了早日发现病情，常触摸猫咪下巴和腋下的淋巴结，检查看看是否有肿块。

## 🐾 巨细胞肿瘤

**原因🐾** 免疫细胞之一的巨细胞发生癌变，原因不明。有皮肤型肿瘤和内脏（脾脏和肠）型肿瘤两种，大多发病于猫咪9岁前后。

**症状🐾** 皮肤型肿瘤大多表现为猫咪头颈部脱毛，且长出硬疙瘩。内脏型肿瘤表现为食欲不振、呕吐、腹腔积水等。

**预防与治疗** 可以手术切除，也可以采取放射疗法和化学疗法。皮肤肿瘤、脾脏肿瘤预计手术后恢复状况良好。而肠道肿瘤手术困难，后期发展并不看好。检查猫咪皮肤，尽早发现病情吧。

## 🐾 扁平上皮癌

**原因🐾** 形成于毛发稀薄部位的皮肤癌。大多在鼻子、耳朵、眼皮、嘴唇等部位。过度的阳光照射是其原因之一，大多发生在白毛的老年猫身上。

**症状🐾** 脱毛、疮痂、出血等。看起来像是很难治愈的伤。溃疡部位会发生坏死。

**预防与治疗** 可以手术切除，也可以采取放射治疗和抗癌剂治疗。可以在玻璃窗上贴防紫外线贴纸，避免阳光过度照射。

## 🐾 乳腺肿瘤

**原因🐾** 所谓的乳腺肿瘤，多出现在未进行绝育手术的10～12岁母猫身上。其中9成属于恶性肿瘤，容易转移。一旦肿瘤转移至其他内脏器官，进行治疗也只能延长几个月的寿命。

**症状🐾** 乳头周围出现疙瘩和疮痂，乳头红肿并有液体渗出，存在出血状况等。

**预防与治疗** 手术切除肿瘤。也可采取放射疗法和化学疗法。猫咪不满1岁时进行绝育手术，预防效果最好。

老年猫容易得癌症。通过每天检查猫咪身体，定期去医院体检，尽早发现！

## ☙ 内容提要

看到这本书的你，可能已经下定决心要成为一名"猫奴"了，那你是否已经做好充足的知识储备了呢？是否知道怎样判断猫咪是否健康，怎样给猫咪剪指甲，怎样训练猫咪上厕所，怎样和猫咪和谐快乐地相处。

本书作者是一名与7只猫咪共同生活的猫科兽医，在书中，她将耐心指导第一次养猫的你解决各种问题，包括如何挑选猫咪，如何迎接猫咪，如何喂养猫咪，如何清洁猫咪，如何陪猫咪玩耍，遇到旅行、家中来客人、搬家、想多养几只猫咪等情况时如何处理，如何给猫咪体检、驱虫、接种疫苗、绝育、喂药……同时书中还配有清晰的操作图片，供养猫新手参照学习。

只有掌握足够的知识，才能成为合格的"猫奴"，避免发生不必要的麻烦，迎来幸福的"撸"猫生活。愿这本书能带领每一位新手"猫奴"成功晋级！